A Useful Introduction to
Laplace Transform
and z-Transform

今日から使える
ラプラス変換・z変換

三谷政昭
Mitani Masaaki

講談社サイエンティフィク

【ブックデザイン】
安田あたる

【イラスト】
三谷美笑玄

まえがき

　本書は，拙著『今日から使えるフーリエ変換』（2005 年，講談社）の姉妹書にあたる．本書でも，『今日から使えるフーリエ変換』の意図を踏襲して，読者の皆さんがラプラス変換と z 変換のもつ心（こころ）というものを理解し，納得して，

　　だれもが，いつでも，どこでも，何にでも
　　ラプラス変換と z 変換を使える

ようになっていただきたいという気持ちから，浅学非才もかえりみず筆をとり，本書を書き下ろさせていただいた次第である．

　私たちの世の中に溢れる情報を担うデータ（例えば，電気・電子，天気予報，ロボット制御，音響，通信，経済などなど……いろいろある）には，大きく分けて，アナログ（時間連続）信号とディジタル（時間離散）信号という2つがある．アナログ信号を処理するアナログ・システムの振る舞いは「微積分方程式」で記述でき，ディジタル信号を処理するディジタル・システムの振る舞いは「差分方程式」（高校数学でいう漸化式や級数のたぐい）で記述できることが知られている．大それた言い方を許していただけるなら，微積分方程式や差分方程式が世の中を牛耳っている，ということにもなる．だとしたら，これらの方程式のもつ物理的・工学的な意味がわかり，かつ方程式を解くことができるようになれば，世の中を動かすキーマンになれるかも——といった言い方も，決して誇張ではない．

　本書で登場する**ラプラス変換**は，アナログ・システムを記述する微積分方程式を解くための強力な解法である．また，**z 変換**は，ディジタル・システムを表す差分方程式を解くためのテクニックとなる．

　ラプラス変換と z 変換は非常に近い親戚筋であり，しかも，信号解析・

信号処理で広く用いられるフーリエ変換とも深く関わっている．これらは「積分変換」と呼ばれる1つの重要な数学分野を形づくってもいるのだが，本書では数学の基本的な考え方の理解もさることながら，むしろ**実践的に**ラプラス変換と z 変換を「使う」ための道しるべとなるよう考慮して，構成したつもりである．

　ラプラス変換と z 変換は，どちらも便利な「変換表」に使い方がまとめられている．それらの使い方をきちんと心得れば，だれにでも微積分方程式や差分方程式がいとも簡単に解けるというわけだ．「そんな表を使うだけで，ほんとに解けるの？　いい加減じゃあないのかな」と一抹の不安を拭えない方がいらっしゃるかもしれない．でも，実はそんな心配は全く不要で，科学者ライプニッツの夢といわれる「あらゆる微積分方程式や差分方程式を機械的，系統的に解く」ことへの1つのアプローチを，ラプラス変換とその親戚筋の z 変換が見事に具現化したといっても過言ではないのだ．

　本書は，可能な限りアナログとディジタル，ラプラス変換と z 変換を対比させながら，システム解析・合成のための具体的な事例を取り上げて，従来の解説書には見られなかった，いろいろな工夫を施すようにした．例えば，ラプラス変換で用いられる変数「s」と, z 変換で用いられる変数「z^{-1}」の物理的解釈とともに，変換のイメージや使い方を明らかにしてあるので，その極上のテクニックの一端をじっくりと味わってもらいたい．また，ラプラス変換を適用するアナログ・システムとして電気・電子回路，z 変換を利用するディジタル・システムとしてディジタル信号処理を取り上げ，フリーソフト[※]を利用して，パソコンによるシミュレーションを体感してもらえるように配慮した（第7章）．

　ラプラス変換と z 変換を習得し，「とてもじゃないけど解けないな」と思われる微積分方程式や差分方程式をもスイスイと解くテクニックを身に

[※]　ハイブリッド・シミュレータ「インターシム」は，(株)マイクロネット（URL は, http://www.micronet.co.jp/intersim/）の製品である．機能の限定された評価版が無料で入手できる．

つければ，アナログ・システムやディジタル・システムを解析・合成するのに重宝する武器を手にすることになる．ぜひ，実用的な道具(ツール)として，本書をお役立ていただきたい．

　『今日から使えるフーリエ変換』の姉妹書として出版される本書が，皆さんが携わるいろいろな分野で，ラプラス変換とz変換の活用の一助となれば幸いである．その結果，これまで難解だと思っていたラプラス変換とz変換に関するイメージが少しでも緩和されて，その有効性に興味を持っていただけるなら，と願わずにはいられない．

　なお，序章と各章の扉にある手描きの楽しい挿し絵は，筆者の妻で自称キッチン・イラストレータ＆書家の三谷美笑玄（雅号）の手によるもので，お愉(たの)しみいただきたい．

　最後に，本書をまとめるにあたり，内容構成や表現上の適切なアドバイスとともに，何かとご面倒をおかけしたうえに手助けしていただいた（株）講談社サイエンティフィクの出版部・慶山篤氏に対し，心より感謝の意を表します．

2011年　夏　　三谷政昭

今日から使えるラプラス変換・z変換 CONTENTS

まえがき　iii

序章　ラプラスさんとゼット女史が語る "ファッション・デザイン・テクニック"　1

序-1　洋服デザインは，"ラプラス変換" なり　2
序-2　帽子デザインは，"z変換" なり　5
序-3　洋服&帽子デザインは，"ハイブリッド変換" なり　8

第1章　ラプラス変換とz変換を初体験しよう　11

1-1　アナログ・システムとディジタル・システム　14
1-2　アナログ微分方程式がスラスラ解ける！（ラプラス変換）　19
1-3　ディジタル差分方程式が鮮やかに解ける！（z変換）　24

第2章　ラプラス変換とz変換の基礎をマスターしよう　30

2-1　ラプラス変換の定義を知ろう　31
2-2　z変換の定義を知ろう　35
2-3　単位ステップ関数（単位階段関数）　42
2-4　単位インパルス関数　47

2-5　指数関数　50
2-6　時間軸（t 軸）上で関数をずらすと……　52

第3章　ラプラス変換と z 変換の基本定理と物理的意味を知ろう　55

3-1　信号の大きさを変えて，加えると……　56
3-2　ラプラス変換で見えてくる"アナログ信号"　58
3-3　z 変換で見えてくる"ディジタル信号"　62
3-4　関数を時間（t あるいは k）軸上で微分／積分すると……　67
3-5　cos 関数，sin 関数　72
3-6　信号に指数関数を掛けると……　78

第4章　ラプラス変換表と z 変換表を自在に使いこなす　86

4-1　ラプラス変換の意義と変換表の使い方　87
4-2　微積分方程式の一般的な解法　92
4-3　ラプラス逆変換の計算公式（ヘヴィサイドの展開定理）　95
4-4　z 変換の意義と変換表の使い方　106
4-5　差分方程式の一般的な解法　111
4-6　逆 z 変換の計算公式　114
4-7　線形システムと畳み込み処理　118

第5章　ラプラス変換によるアナログ・システム解析を理解しよう　134

5-1　回路素子とラプラス変換　135
5-2　電気回路のラプラス変換を用いた表現とその解　139

5-3　過渡応答の解析　　145
5-4　伝達関数とインパルス応答　　155
5-5　極，零点とシステム応答　　159
5-6　システムの安定性と周波数特性　　163
5-7　交流入力に対する過渡応答　　169

第6章　z変換によるディジタル・システム解析を理解しよう　175

6-1　アナログ・システムからディジタル・システムへ　　176
6-2　差分方程式と伝達関数　　182
6-3　FIRシステムとIIRシステム　　184
6-4　極，零点とシステムの安定性　　190
6-5　伝達関数と周波数特性　　197

第7章　アナログ＆ディジタル信号処理シミュレータを体験してみよう　205

7-1　シミュレータ・ソフトのダウンロードとインストール　　205
7-2　アナログ・システム（電気電子回路）の過渡応答と周波数特性　　209
7-3　ディジタル・システム（ディジタル・フィルタ）の過渡応答と周波数特性　　213

付録　218

付録A　ラプラス変換とz変換の対応表　　218
付録B　ラプラス変換の性質と主な公式　　219
付録C　ラプラス逆変換表　　220
付録D　z変換の性質と主な公式　　221

参考文献　222　／　索引　223

序章 ラプラスさんとゼット女史が語る"ファッション・デザイン・テクニック"

　オシャレな街を行き交う紳士，淑女が集うファッション・サロン，その名も「S&Z」は，エレガントでファッショナブルな洋服や帽子をはじめ，センスのよいアクセサリをコーディネートしてくれると評判のお店であった．店のオーナー夫妻の名は，人呼んで「ラプラスさん」と「ゼット女史」．

💡 ラプラスさんのフルネームは，Pierre Simon Laplace．実在した彼（1749年3月23日生〜1827年3月5日没）は，本書のテーマとなるラプラス変換を考案した，フランスの著名な数学者である．

　オーナーのラプラスさんは洋服デザイナーでもあり，お客さんのどんな

1

体型にもフィットした見栄えも着心地もグッドな洋服を誂えてくれる，驚異的なデザイン・テクニシャン．さらに，妻でスタイリストのゼット女史が体得した帽子デザイン・テクニックとのコラボレーションによって，どんなお客さんをも満足させるトータル・ファッションを提供できるのだ．

まずは，本書をお買い求めのみなさんに，ラプラスさんとゼット女史のおしゃれなデザイン・テクニックを，存分に味わってもらうことから始めることにしたい．

序-1 洋服デザインは，"ラプラス変換"なり

ある晴れた日，ファッションにうるさい常連のお客様，有閑マダムのO夫人が，ファッション・サロン「S&Z」にお見えになった．2階のデザイン室にご案内したあと，ラプラスさんとゼット女史はニコニコしながら，洋服用の生地と帽子用の材料が各色取りそろえてある別々のテーブルの前に立って，O夫人を迎えた．ラプラスさんは言った．

「いらっしゃいませ．本日も，どんなご要望にもお応えできますよう，多彩な色，多様な材質の生地と材料をあなたのためにご用意しておきました．ゼット女史ともども，洋服と帽子をトータル・コーディネートした斬新なファッションをご提供できます．最初にご希望の生地をお決めください．」

O夫人はさっそく，気取った言い方で話し始めた．

「私は来週，友人の結婚式に出席しなきゃあいけないの．だから，洋服はかなり派手めのデザインで，カラーはグリーン系がいいかしら．帽子はエレガントな感じでお願いしたいわ．カラーもデザインも，すべてお任せするから，うまく作ってちょうだい．」

洋服デザイナーのラプラスさんは間髪入れず，O夫人の顔立ちにマッチするシルク材質のライト・グリーンの一枚布を選んだ．裁断もしていないこの1枚の一続きの生地（**アナログ信号**あるいは**時間連続信号**をイメージしたものと思っていただきたい）を取り上げて，O夫人の体型データとデ

図序.1　ラプラス変換機

　ザイン・コンセプトと一緒に，ラプラスさんは何やら不思議な機械に突っ込んでみせる．初めて目にするこの機械のスタート・ボタンをゆうゆうと押すラプラスさんをO夫人は見て，心配をあらわに声を上げる．
「そんな機械に突っ込んだら，生地が台無しになるんじゃあない？」
　ところが，ラプラスさんは自信満々に言うのであった．
「いやいや実は，体型データに合わせながら，結婚式にぴったりな，エレガントだけれどもちょっと派手めのデザイン洋服を創ることができます．この洋服デザイン・テクニックが，長年の苦労の末にたどりついた匠の技**"ラプラス変換"**です．まもなく，**図序.1**に示すラプラス変換機（自動裁断・縫製マシンのようなもの）からご要望にお応えするお洋服が出てきますから，お楽しみに．」
　そういってラプラスさんが取り出したのは，要望どおりの見事なフォーマル・ウェアで，O夫人は大満足．ところが，O夫人は，すぐに着替え室で試着したところで，
「少し，ラプラスさんを困らせちゃおうかな？　デザインはとてもいいのだけど，ウェストを少々ゆるめてもらおうかしら．サイズ直しをお願いしたいわ．」
　と言ってきた．そんなO夫人のわがままにも，笑顔を少しも崩さず，ラプラスさんは自信に満ちあふれた声で，こう話した．

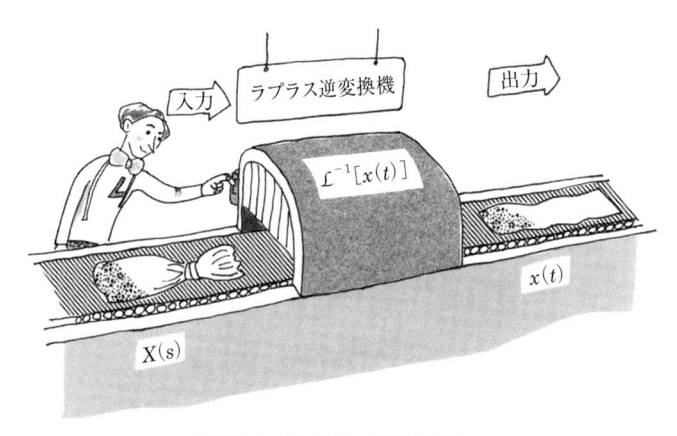

図序.2 ラプラス逆変換機

「ラプラス変換機は，サイズ直しもお手のもの．ラプラス変換機からの出力を，今度は逆向きに入力とするのです．窮屈な感じであった洋服を投入すれば，たちどころに一枚布の生地がもとどおり再生できます（**図序.2**）．これを**"ラプラス逆変換"**と呼んでおります．そうしたら，この一枚布の生地を，採寸し直した体型データとデザイン・コンセプトとともに，ラプラス変換機に再投入すればよいのです．」

「まあ．そんなこと，できるのかしら．大丈夫なの？」

と，O夫人の独り言が聞こえてくる．果たして，どうなることやら．

早速，ラプラスさんはサイズ直しに取りかかる．完成していた洋服をラプラス変換機の出力から逆向きに投入すると，ものの見事に，もとの一枚布の生地に戻って出てきたではないか．続いて，新しい体型データとともに，一枚布の生地をラプラス変換機に再投入すると，機械がグイーングングンとうなりをあげ，新しい洋服を出力した．

「サイズを修正した，華麗なフォーマル・ウェアがこのとおり完成いたしました．どうぞ，もう一度ご試着ください．」

とラプラスさんに促され，O夫人が恐る恐る試着する．夫人の感想は……，

「グーな着心地，バッチリよ．」

と，感嘆しきりなのであった．

「すばらしい機械ですわ．ラプラス変換機があれば，少しぐらい太っても

痩せても，ラプラスさんのお店にお洋服をお持ちしてお願いすれば，どんな体型にもピッタリと合わせられるってわけネ．すごいわ！」

序-2 帽子デザインは，"z変換"なり

　O夫人，今度はゼット女史に，フォーマル・ウェアにコーディネートする帽子を頼み込んだ．
「ゼットさん，旦那さん（ラプラス）にデザインしていただいた洋服にマッチする帽子をお願いしたいわ．お色も材質も，すべてお任せしますわ．」
　ゼット女史も悪くない気分らしく，甲高い声で，
「承りました．ライト・グリーンのお洋服なので，帽子のお色は同色系の濃いめのダーク・グリーンがいいわね．デザインは，孔雀（くじゃく）の羽根を配して丸みのある大きなひだ付きシャッポ（フランス語のchapeau）にしましょう．」
　と言って，すぐに材料選びに取りかかった．テーブル上に裁断されたさまざまな形状の材料の中から，ダーク・グリーンの厚手のフェルトや孔雀の羽根を集めて順に並べたもの（**ディジタル信号**あるいは**時間離散信号**を

図序.3　z変換機

イメージしたものと思っていただきたい）と，頭の形状とデザイン・アイデアと同時に，**図序.3**に示すラプラス変換機より小さめの機械に投入して，スタート・ボタンを押したのであった．数分して，ゼット女史が，
「順番に並べた材料を，あなたの頭の形状とデザイン・アイデアと一緒に投入すると，ご要望の帽子ができますわ．こうした帽子デザイン・テクニックが，夫の力を借りて完成させた"**z 変換**"なのです．まもなく，このz変換機（自動組み立て・製帽マシンのようなもの）からデザインした帽子が出てくるわ．きっと，あなたのお気に召すこと，疑いなし．」
と話すが早いか，z変換機から1つの帽子が完成して現れた．フォーマル・ウェアにふさわしい，エレガントな孔雀の羽根付き帽子である．
　O夫人は，初めのうちはたいそう気に入ったような素振りであったが，少し考えてから，
「ちょっと地味過ぎないかしら．帽子のツバが，もっと大きいほうが好みだわ」
とゼット女史にデザインのやり直しを頼んできた．ゼット女史は内心少しムッとしたが，そんな雰囲気はおくびにも出さずに，
「わかりました．ご要望どおり，ツバの幅を拡げてみましょう．z変換機は，デザイン修正も問題なし．z変換機の出力を入力として逆向きで，お気に召さなかったデザインの帽子を投入すれば，もとの複数の帽子の材料が次々と順番に取り出されるんですの（**図序.4**）．これが"**逆 z 変換**"ですわ．そうして，新しいデザインで必要となる複数の材料を並べ直して，デザイン・アイデア（ツバの幅を拡げる）をz変換機に再投入するだけ．簡単ですのよ．」
と，さらっと言ってのけた．O夫人が，
「助かりますわ．お手数をお掛けして，申し訳ありませんわねえ．宜しくお願いします．」
と丁重な返事をするが早いか，すぐさま，ゼット女史はデザイン直しに取りかかる．完成していた帽子を，ゼット女史がz変換機の出口から逆向きに投入すると，あら不思議，z変換機に投入する前の複数の帽子の材料に戻って機械から出てきたではないか．続いて，ゼット女史は新しいデザ

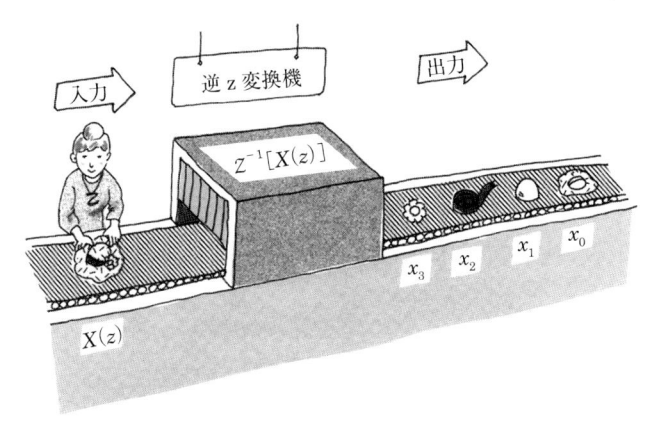

図序.4 　逆 z 変換機

イン・アイデアと帽子の材料を取り替え，並べ直して z 変換機に再投入した．すると，ビューンビュンと機械のうなり音がした後，
「お客様のご要望どおり，ツバを拡げた帽子が完成しました．どうぞお被りになってみてください．」
と，自信ありげの艶やかな声で，ゼット女史は新しい帽子を勧める．O 夫人が大きな鏡の前に立って，手にした真新しい帽子を華麗に被ると，にこやかな笑みを浮かべて満足げに，こう言った．
「もう大満足で，シャッポを脱ぐという感じだわ．帽子だけにね，うふふ……．とにかく，本当にありがとうございます．ラプラスさんのデザインしたお洋服はラプラス変換機，ゼット女史がコーディネートした帽子は z 変換機，お客様からのあらゆる要望に応えられる万能機械なんですから．もう感動的で，ウルウルしそうですわ．」

深々とお礼して店を後にする O 夫人を見送りながら，オーナー夫妻は，声をそろえて，
「毎度，ありがとうございます．私どものラプラス変換機と z 変換機，またのご用命をお待ち申し上げております．」
と頭を下げるのであった．

ファッション・サロン「S & Z」での出来事．それにしても，オーナー夫妻が苦労して開発した「ラプラス変換機」と「z 変換機」のすばらしい

能力には，驚かされるばかりだ．ラプラス変換機は，体型が変わって着られなくなった古い洋服を連続的な一枚布に戻して，どんな体型にもピッタリと合わせて仕立て直しを可能にしてくれるし，z変換機は，デザインが古いなと感じた帽子を離散的な部品に戻して，付ける飾りを取り換えたりして，希望するデザインに作り直してもらえるのである．

序-3 洋服&帽子デザインは，"ハイブリッド変換"なり

　ある雨の日，薄汚れた帽子を被ったチャップリン似の男が，ファッション・サロン「S & Z」にとぼとぼと入ってきた．このうだつの上がらなそうな風体の男を，オーナー夫妻は最初のうち追い返そうとしたのだが，その男はぼそぼそと口ごもりながら，
「実は私は，『人間ラプラス変換』と『人間z変換』に習熟している者なのです．お宅の看板「S & Z」の"S"と"Z"の2つのアルファベット文字を見て，私の親戚かもしれないと思って，こうしてお邪魔した次第なのですよ．」(実は，ラプラス変換およびz変換で使用する変数が，それぞれ"s"と"z"なのである．)
と言うので，仕方なく店の中に導き入れたのであった．すると，このチャップリン似の男は頭に被っていた帽子を取って，1枚の平べったいハンカチのようなフェルト生地にして，
「ホンジャマー，ホンジャマカー，……．」
と奇声を発し，手にしたフェルト生地を何やら巧みに動かし始めた．

> 一枚布からさまざまな帽子を即興的に作るこの古典芸は，西洋ではchapeaugraphyと呼ばれる．日本では，早野凡平(1940〜1990)という人がこの芸の名手として有名で，「ホンジャマーの帽子」あるいは「ホンジャマカ帽」の名で親しまれていた．

　男が生地を折ったり交差させたりして，しばらくすると，驚いたことに，

序章　ラプラスさんとゼット女史が語る"ファッション・デザイン・テクニック"

図序.5　「人間ラプラス変換＆z変換」

男の手の中に帽子ができあがっている．男はポケットから取り出した鳥の羽根を帽子に突きさし，頭に被ると，

「吾輩は，フランス皇帝，ナポレオン・ボナパルトなり！」

と威厳ありげに言うのであった．確かに，幾筋かの切れ目がある平べったいフェルト生地だったものが，いつのまにかナポレオン帽子になって完成しているではないか．感心したラプラスさんは，

「他にも，何か帽子が作れるのかい．」

と尋ねてみた．男は答えた．

「もちろん，できますよ．ホンジャマー，ホンジャマカー，……．」

と呪文のような言葉を発しながら，男は「牧師のちょこんとした丸い帽子」，「フライト・アテンダントの気品ある帽子」，「カウボーイ・ハット」，「鞍馬天狗の黒頭巾」，……，と，次々と自慢のテクニックを繰り出して，帽子を作るのであった．これにはオーナー夫妻も，口をあんぐり開けて驚きを隠せない（**図序.5**）．ラプラスさんはすっかり感服して，

「すばらしい．ほんと，おっしゃるとおり『人間ラプラス変換』だよね．」

と言い，ゼット女史も，

「すばらしすぎるわ．まさしく，『人間 z 変換』の申し子みたい．」

と驚嘆の声をあげたのだった．

さらに続けて，その男は，

9

「わたしは，帽子だけでなくて，洋服だって，一枚布の生地からファッショナブルなデザインのドレス，ワイシャツ，ワンピース，スーツなど，そして飾りとなる小物を作り出すことだってできます.」
と，豪語する．オーナー夫妻は声を合わせて，
「へえーっ，洋服や帽子のデザインが同時にできるんだ．ちょうど，洋服用のラプラス変換機と，帽子用の z 変換機をミックスしたようなものというわけだ.」
と話した．そこで，ラプラスさんは，ハット気がついて，
「ラプラス変換機と z 変換機の相互変換装置を作れば，洋服と帽子を同時に作ることができるぞ！　どうもありがとう．おかげで新しい変換機の設計が思いつきそうだよ.」
と言うや否や，新しい装置の開発に着手したのだった．

こんな夢の機械「ラプラス変換も z 変換もこなせる，名付けて"ハイブリッド変換"装置」が完成した暁には，きっと読者のみなさんから，
「ラプラス変換は，こんなに便利なものなんだ.」とか，
「z 変換は，すばらしく重宝するわ.」とか，
という感動，そして感謝の気持ちが自然に生まれ出てくるだろう.
　ラプラス変換は，連続的なアナログ信号を操作するテクニックである．z 変換は，離散的なディジタル信号を操作するテクニックである．このイメージをつかんでいただいたところで，次章以降，本格的な"ラプラス変換"と"z 変換"の世界に，読者のみなさんを誘っていくことにしよう.

第1章 ラプラス変換とz変換を初体験しよう

　皆さんの身の周りには，地デジやディジタル・テレビ，電力のスマート・グリッド，音声や顔画像の認識・合成，列車の運行やロボット制御などなど，さまざまな技術や製品が溢れている．日常生活ではなかなか実感が湧かないのだが，実は，私たちはそうした技術を通じて，**アナログ**（analog，**時間連続**）・システムと**ディジタル**（digital，**時間離散**）・システムの混在した，複雑な信号処理の恩恵に浴している．

　大ざっぱに言えば，アナログ・システムとディジタル・システムには

{ アナログ・システムの振る舞い　＝ 微積分方程式による表現
{ ディジタル・システムの振る舞い ＝ 差分方程式による表現

11

という数学的な違いがある．典型的な方程式の表現例を示すと，

$$\begin{cases} \text{アナログ・システム}：2\int_0^t y(\tau)d\tau + 3y(t) + \dfrac{dy(t)}{dt} = x(t) & (1.1) \\ \text{ディジタル・システム}：y_k = 0.2y_{k-1} + 0.6x_k - 0.6x_{k-1} & (1.2) \end{cases}$$

という感じだ（**図1.1**）．アナログ・システムでは，積分や微分が出てくる．ディジタル・システムでは，x_k, y_k のような添え字で番号の振られた量が出てくる．

さらに，追い打ちをかけるようで恐縮だが，式（1.1）および式（1.2）を解くテクニックとして，式（1.1）の微積分方程式には**ラプラス変換**と**ラプラス逆変換**，式（1.2）の差分方程式には **z 変換**と**逆 z 変換**が使われる．それぞれの変換は，時間波形 $x(t)$ あるいは数値系列 $\{x_k\}_{k=-\infty}^{k=\infty}$ に対して，次のように定義される．

$$\begin{cases} X(s) = \int_0^\infty x(t)e^{-st}dt & \text{：ラプラス変換} & (1.3) \\[2mm] x(t) = \dfrac{1}{2\pi j}\int_{\sigma-j\infty}^{\sigma+j\infty} X(s)e^{st}ds & \text{：ラプラス逆変換} & (1.4) \\[2mm] X(z) = \sum_{k=0}^\infty x_k z^{-k} & \text{：z 変換} & (1.5) \\[2mm] x_k = \dfrac{1}{2\pi j}\oint_C X(z)z^{k-1}dz & \text{：逆 z 変換} & (1.6) \end{cases}$$

いきなりこんな式が出てくると，思わず「うわーっ，何なんだ？ この積分は？」と叫び声を発してしまうかもしれない．積分記号（∫）や無限大（∞）を含んだその姿に，とっつきにくさを感じてしまい，「ラプラス変換や z 変換って，面倒くさそうで何となくイヤだ！」と，最初からうんざりな気持ちの方も少なくないのでは？

しかし，ここは安心していただきたい．それもそのはず，式（1.1）～

(a) 時間連続システム

(b) 時間離散システム（微小時間間隔 $T = \Delta t$ [秒]）

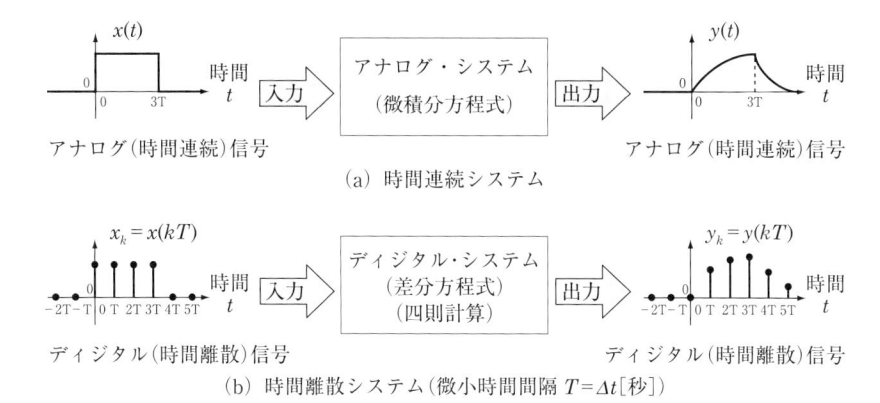

図 1.1　信号処理システムの分類

　式（1.6）の式の X, x_k, s, z といった変数が何を意味するのか，まだ説明もしていないのだから，今はとっつきにくくても当たり前なのだ．あくまで巷の教科書に書いてある定義式を示しただけなので，その風貌に惑わされないでほしいのだ．

　でも，教科書に載っている式（1.3）〜式（1.6）のような，何となく恐ろしげな見た目から，必要以上に難しいというイメージをラプラス変換と z 変換に抱いている人も多そうだ．そこで，まずこの章では，みなさんの気持ちの中にある嫌悪感を取り除いて差し上げたい．

　どうするのかと言えば，ラプラス変換および z 変換の**変換表を参照するだけ**で，式（1.1）や式（1.2）のような**方程式が簡単に解ける**ことを体験してもらおうというのである．

　微積分方程式や差分方程式を解くのは，正攻法ではとても面倒な作業だ．それが簡単に解けるというのだから，料理に喩えていうと，一見まずそうな"微積分"ハンバーグや"差分"ギョーザを，食わず嫌いの人に美味しく召し上がってもらうための味付けがそれぞれ，ラプラス変換，z 変換といった感じである．といっても，「そんなこと，本当にできるの？　信じられない，できるものならやってみてよ」と高をくくっておられるかもしれないが……まあ，とくとご高覧あれ．

　というわけで，ここでは数学的な理屈はあと回しにして，なりふりかま

わず，アナログ・システムの微積分方程式とディジタル・システムの差分方程式の解法テクニック（ラプラス変換，z変換）を初体験してみることにしたい．私の言葉を信じてひとつひとつ丁寧に，そして気長に読み進めていってもらえれば，きっとラプラス変換とz変換が美味しい数学テクニックであることを理解できますから．

それでは，ラプラス変換とz変換を初体験してもらう前に，アナログ・システムとディジタル・システムの具体的なイメージを作ってもらうことから始めよう．

1-1 アナログ・システムとディジタル・システム

まず，皆さんにも比較的なじみの深いであろう「車の運転」を例にとって，アナログ・システムとディジタル・システムを対比させて考えてみよう（これは，専門的には「PID制御」と呼ばれるものをイメージしている）．あなたの車が，信号機で一旦停止しているところから，時速50 kmの一定速度で走行するようになるまでの，運転（アクセルの踏み込みによるエンジン出力の制御）のようすを数式で表してみよう（図1.2）．

◆アナログ・システム（微積分方程式）

まず，停止している車を発進させるときを想像してほしい．時速0 kmから目標とする時速50 kmまでの速度差が大きいので，最初はアクセルをそれなりに強く踏み込む（大きなエンジン出力にする）ことになる．（もちろん，あまりに大きく踏み込みすぎると，車は急発進して無謀運転になってしまう．適度な強さで踏むことを想像してほしい．）このように，目標との速度差の大きさに比例してアクセルを踏み込む操作は，比例操作（Proportional Action：P操作）という．

次に，車が加速して時速50 kmに近づいてくると，「このままの加速では時速50 kmをオーバーしてしまう」と感じてアクセルを緩める操作

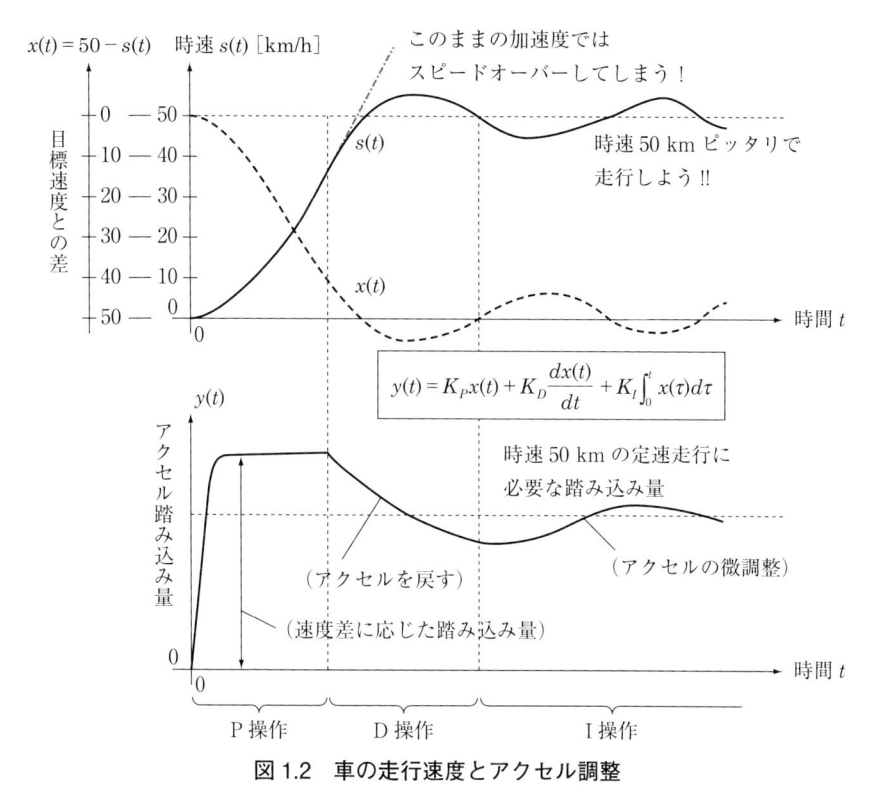

図 1.2 車の走行速度とアクセル調整

$$y(t) = K_P x(t) + K_D \frac{dx(t)}{dt} + K_I \int_0^t x(\tau)d\tau$$

（Derivative Action：D 操作，微分操作）を行う．

最後に，時速 50 km ピッタリで走行するため，微妙な速度差をなくすように，アクセルを小刻みに踏み込んだり，緩めたりする（Integral Action：I 操作，積分操作）．

また，時速 50 km で一定走行しているときに，急な上り坂にさしかかると，今までと同じアクセルの踏み込み量のままでは徐々にスピードが落ちてくる．こういう状況になると，スピードの変化を感じ取り，スピードを落とさないようにアクセルを踏み込むことになる．このときの操作は速度の変化（減速）を抑える動作になる（D 操作，**図 1.3**）．

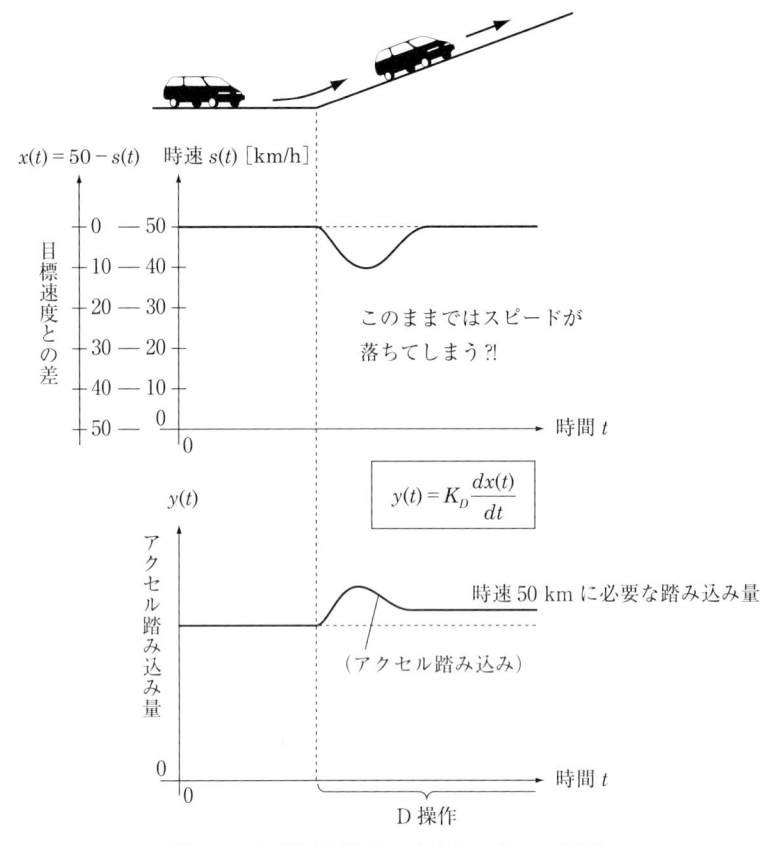

図1.3 上り坂走行時の速度とアクセル調整

$x(t) = 50 - s(t)$ 時速 $s(t)$ [km/h]

このままではスピードが落ちてしまう?!

$$y(t) = K_D \frac{dx(t)}{dt}$$

時速50 kmに必要な踏み込み量
（アクセル踏み込み）
D操作

💡 目的の一定速度である時速50 kmと，ある時刻 t における速度との速度差を，制御工学では**偏差**と表現する．**制御**は，工学の重要な1分野で，このように目的となっている一定速度に近づけて，そこから離れないようにするテクニックを指す．JIS（日本工業規格）は制御について「ある目的に適合するように，対象となっているものに所要の操作を加えること」というわかったようなわからないような定義をしていることで有名だが，それはこういう意味合いである．

以上がアナログ・システムの制御の概要だ．実は，上記の「アクセルの踏み込み量」も信号の一種だ．時間に依存して時々刻々変化するあらゆる量が，信号なのである．アクセルの踏み込み量および目標（一定速度）と

16

の速度差は，連続時間変数 t で表される**アナログ信号**として，それぞれ $y(t)$，$x(t)$ で表すことができる．アナログ PID 制御における各操作は，

$$\begin{cases} 比例（P）操作： K_P x(t) \\[1em] 積分（I）操作： K_I \int_0^t x(\tau) d\tau \\[1em] 微分（D）操作： K_D \dfrac{dx(t)}{dt} \end{cases}$$

と表される．これらを組み合わせて，図 1.2 および図 1.3 のアクセル踏み込み量 $y(t)$ の変化のようすは，

$$y(t) = K_P x(t) + K_I \int_0^t x(\tau) d\tau + K_D \frac{dx(t)}{dt} \tag{1.7}$$

という微積分方程式で表される（図 1.4）．ここで，3 つの定数 K_P（>0），K_I（<0），K_D（<0）は順に，比例，積分，微分の各操作における比例定数である．

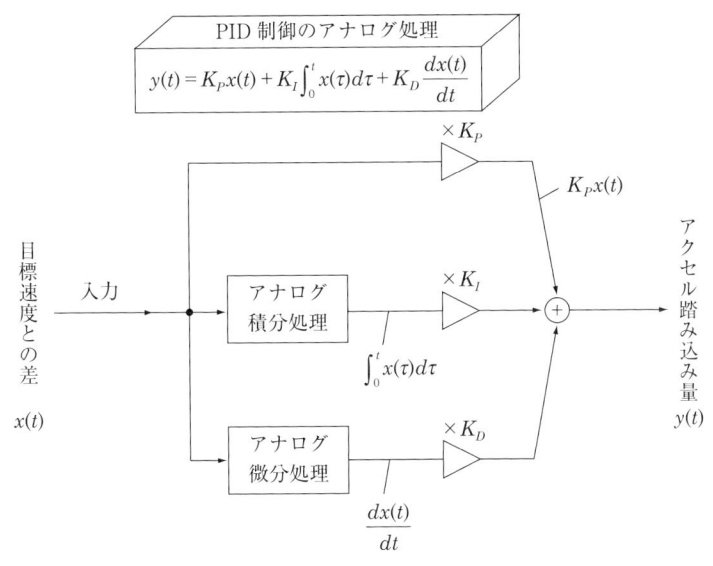

図 1.4 車の発進から定速走行までのアナログ制御システム

◆ディジタル・システム（差分方程式）

　これまではアナログ的な考え方で運転（PID 制御）のようすを述べてきた．これに対して，コンピュータで処理するには離散的な（とびとびの）量の四則計算のほうが扱いやすいので，アナログをディジタルに直したいという要求がある．そこで，式（1.7）という数式の意味をよく考えると，これは積分つまり総和と，微分つまり変化率を含んでいる．そこで，

$$[\text{アクセルの踏み込み量}] = K_P \times [\text{速度差}]$$
$$+ K_I \times [\text{速度差の総和}] + K_D \times [\text{速度差の変化率}] \quad (1.8)$$

という置き換えができると考えられる．

　いま，Δt［秒］ごとに速度を制御することを考えて，

$$\begin{cases} \text{アクセルの踏み込み量} & : y_k = y(k\Delta t) \\ \\ \text{目標（一定速度）との速度差} & : x_k = x(k\Delta t) \end{cases} \quad (1.9)$$

という**ディジタル信号**（離散時間変数 k で表される数値データ）で表すことにしよう．ここで，ディジタル PID 制御における現時点 $t = k\Delta t$［秒］のアクセル踏み込み量 y_k は，式（1.7）〜式（1.9）に基づき，

$$y_k = \underbrace{K_P x_k}_{\substack{\text{比例操作}\\(\text{P})}} + \underbrace{K_I \left(x_0 + x_1 + x_2 + \cdots + x_{k-1} \right)}_{\substack{\text{積分操作}\\(\text{I})}} + \underbrace{K_D \frac{x_k - x_{k-1}}{\Delta t}}_{\substack{\text{微分操作}\\(\text{D})}} \quad (1.10)$$

の差分方程式で表される．つまり，Δt［秒］ごとに，式（1.10）のようにアクセルを強めたり弱めたりして，速度調整することを意味する（**図 1.5**）．このように，式（1.7）の微積分方程式で表されるアナログ・システムを，四則計算［式（1.10）の差分方程式］で実現できるディジタル・システムに変身させることができたのである．

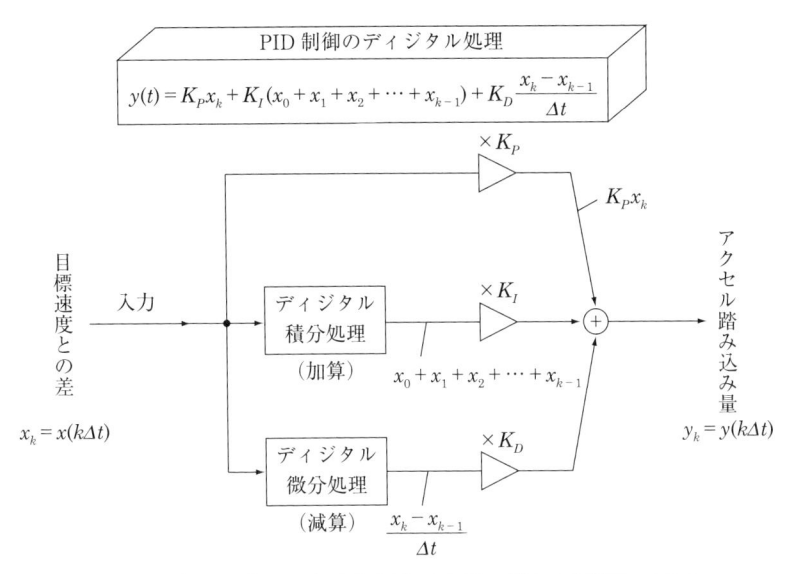

```
┌─────────────────────────────────┐
│   PID 制御のディジタル処理        │
│ y(t) = K_P x_k + K_I(x_0+x_1+x_2+⋯+x_{k-1}) + K_D (x_k−x_{k-1})/Δt │
└─────────────────────────────────┘
```

図1.5 車の発進から定速走行までのディジタル制御システム

1-2 アナログ微分方程式がスラスラ解ける！（ラプラス変換）

　最初は，アナログ・システムを意識して，アナログ微分方程式の解を求めてみよう．未知関数 $y(t)$ について，次の微分方程式があるとする．

$$\frac{dy(t)}{dt} + 3y(t) = 6 \quad ; t \geq 0 \quad [初期条件\ y(0)=0] \quad (1.11)$$

　どこからか，「こんなの解くのは面倒だなあ，二度とやりたくないよ」という声も聞こえてきそうだ．だが，心配ご無用．まず，ラプラス変換による"楽（らく）して解く方法"を伝授する前に，オーソドックスな解法手順を紹介して，すでに習ったことのある方はその思い出に浸っていただこう（**図1.6**）．まだ微分方程式を習ったことのない方は，ざっと読み流していただいてかまわない．

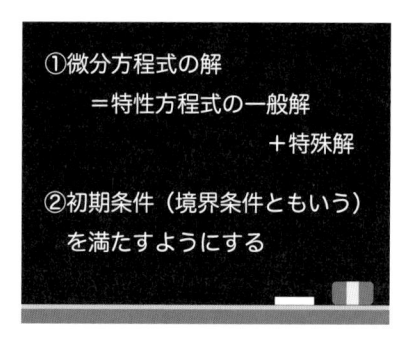

> ① 微分方程式の解
>   ＝特性方程式の一般解
>   ＋特殊解
>
> ② 初期条件（境界条件ともいう）
>   を満たすようにする

図1.6　微分方程式の解を求めるには

💡 微分方程式を習ったことのない方もおられるかもしれないので，少し補足しておこう．**微分方程式**とは，具体的な形がわからない未知関数 $y(t)$ があり，それが満たす式（方程式）だけがわかっている場合に，この式をもとにして $y(t)$ の具体的な形（解）を求めなさい，という問題のことだ．簡単な微分方程式の例を挙げれば，$\frac{dy(t)}{dt} = 1$ という微分方程式の解は，$y(t) = t + C$ （C は任意定数）となる．$y(t) = t + C$ を t で微分すると 1 になるからである．

◆オーソドックス（だが面倒）な数学的解法

この微分方程式（1.11）は，未知関数を含んだ項が全て左辺にあって，しかも右辺が 0 ではないという形（非斉次形）をしている．非斉次形の微分方程式のオーソドックスな解き方によると，まず右辺を 0 と置いた場合（斉次形）の一般解を求めて，次に右辺を元の数字「6」に戻してから特殊解を求めて，最後に両者を合算する，という手続きが必要だ．

最初は，一般解だから，$y_0(t) = Ce^{st}$ （C は任意定数）と置いて，

$$\frac{dy(t)}{dt} + 3y(t) = 0 \tag{1.12}$$

の関係が常に成立する変数 s の値を求めよう．$y_0(t) = Ce^{st}$ を式（1.12）の $y(t)$ に代入すると，

$$\frac{d(Ce^{st})}{dt}+3Ce^{st}=0$$
$$\Rightarrow \quad sCe^{st}+3Ce^{st}=(s+3)Ce^{st}=(s+3)y_0(t)=0 \tag{1.13}$$

となるわけだ．式（1.13）が $y_0(t)$ に依存せず常に成立するには，

$$s+3=0 \qquad [\textbf{特性方程式}という] \tag{1.14}$$

で表される関係を満たす s の値，すなわち $s=-3$ が得られる．だから，一般解 $y_0(t)$ は，

$$y_0(t)=Ce^{-3t} \tag{1.15}$$

である．

次は，特殊解．定数 $y_s(t)=A$ とすれば，式（1.11）の $y(t)$ に代入して，

$$\frac{d(A)}{dt}+3A=6 \quad \to \quad 0+3A=6 \quad \to \quad A=2 \tag{1.16}$$

となるので，特殊解 $y_s(t)$ は，

$$y_s(t)=2 \tag{1.17}$$

と得られる．

以上で，一般解と特殊解が求まったわけだから，**図 1.6** の板書①の性質より，式（1.11）の微分方程式の解は式（1.15）と式（1.17）を合算したものに等しく，

$$y(t)=y_0(t)+y_s(t)=Ce^{-3t}+2 \tag{1.18}$$

となる．

最後に，任意定数 C を決めなければならない．このとき，**図 1.6** の板書②の初期条件 $[y(0)=0]$ が役に立つ．つまり，式（1.18）に $t=0$ を代入して初期条件に基づき，

21

$$y(0) = C\underbrace{e^{-3 \times 0}}_{1} + 2 = C + 2 \quad \rightarrow \quad C = -2 \tag{1.19}$$

となるので，最終的に微分方程式の解として，

$$y(t) = -2e^{-3t} + 2 \quad ; t \geq 0 \tag{1.20}$$

が得られる．この解が正しいことは，式（1.20）を式（1.11）の微分方程式に代入してみれば，

$$\begin{aligned}\frac{dy(t)}{dt} + 3y(t) &= \frac{d\{-2e^{-3t} + 2\}}{dt} + 3 \times \left(-2e^{-3t} + 2\right) \\ &= \underbrace{6e^{-3t} - 6e^{-3t}}_{0} + 6 = 6\end{aligned} \tag{1.21}$$

で確認できる……ふう，と一息，ようやく完了した．

　微分方程式が登場するたびに，こんな手間ひまのかかる計算をしていたのでは，やっていられない．だがしかし，**ラプラス変換**という魔法の数学ツールを利用すると，微分方程式の解がスラスラと，いとも簡単に求まるのだ．おそらく，みなさんもあっと驚かれること，請け合いである．

◆スラスラ解けるラプラス変換による計算法

　上の計算では手間がかかって大変だと感じた人のために，簡略な解法テクニックを紹介したい（ゲーム・ソフトの裏技みたいなもの）．それがラプラス変換だ．裏技を知っていれば，微分方程式を解くのに，細かいことは気にせず，「ラプラス変換表」を見るだけでおしまいだ（**表 1.1**）．この変換表は，ラプラスさんをはじめとする歴史上の数学者が正しく作ってくれているので，これをどうやって導出したのかは気にしなくてもよいのだ．変換表さえ手元にあれば，私たちはそれを使うだけでよい．

　さっそく微分方程式を解いて，ラプラス変換の威力を体感してみようではないか．とくとご高覧あれ．まず，**表 1.1** の式（1.22）～式（1.24）の対応関係を式（1.11）の微分方程式に適用すると，初期条件 [$y(0) = 0$] より，

表 1.1　関数のラプラス変換による表現 ($t \geq 0$)

関数	⇔	ラプラス変換	
$y(t)$	⇔	$Y(s)$	(1.22)
$\dfrac{dy(t)}{dt}$	⇔	$sY(s) - y(0)$	(1.23)
1	⇔	$\dfrac{1}{s}$	(1.24)
$e^{-\lambda t}$	⇔	$\dfrac{1}{s+\lambda}$	(1.25)

$$\dfrac{dy(t)}{dt} + 3y(t) = 6 \qquad \text{［式 (1.11) の再掲］}$$
$$\Updownarrow \qquad \Updownarrow \qquad \Updownarrow$$
$$sY(s) + 3Y(s) = \dfrac{6}{s}$$

のように，$Y(s)$ を未知数とする 1 次方程式が得られる．1 次方程式であれば中学数学の範囲なので，$Y(s)$ は次のように求められる．

$$Y(s) = \dfrac{6}{s(s+3)} \tag{1.27}$$

続いて，式 (1.27) の $Y(s)$ の右辺を，

$$Y(s) = \dfrac{2}{s} - \dfrac{2}{s+3}$$

と部分分数分解（計算の詳細については，**4-1 ～ 4-3** を参照）して，**表 1.1** の式 (1.23) と式 (1.24) を適用するわけだ．そうすれば，

$$\begin{cases} \dfrac{2}{s} = 2 \times \dfrac{1}{s} & \Leftrightarrow \quad 2 \\ \dfrac{2}{s+3} = 2 \times \dfrac{1}{s+3} & \Leftrightarrow \quad 2e^{-3t} \end{cases}$$

となるので，最終的に，

$$y(t) = 2 - 2e^{-3t} \qquad ; t \geq 0$$

と求められる．はるかに簡単な計算なのに，式（1.20）と同じ結果がスラスラと求められてしまった．これで終わり．ちょっと感動ものだ．

このように，関数（実は，音声／画像／制御システムなどのアナログ信号に相当）のラプラス変換表を利用するだけで，アナログ微分方程式が解けることがわかった．ラプラス変換はすごいのだ．その力量のすばらしさを堪能していただきたい．もちろん，積分方程式だって，微分と積分が混在した微積分方程式だって，ラプラス変換を使えばお茶の子さいさい．ラプラス変換が正しいことの数学的な証明や深い意義は知らなくても，変換表の"使い方"さえきちんと知っていれば，だれにでもアナログ微積分方程式がスラスラ解ける．

でも，「こんな解き方で本当にいいの？　いい加減じゃあないのかなあ」と心配される向きがあるかもしれない．実は，そんな心配はまったく不要だ．科学者ライプニッツの夢といわれる"あらゆる微積分方程式を機械的に解く"ことへの1つのアプローチを，ラプラス変換が具現化したと言ってもよいのである．

1-3 ディジタル差分方程式が鮮やかに解ける！（z変換）

今度は，アナログ微分方程式の向こうを張って，ディジタル差分方程式に挑戦だ．高校数学「数列と級数」で学習する**漸化式**である．

さっそく，次の漸化式（すなわち，ディジタル差分方程式．「漸化式」と「差分方程式」は数学的にはほとんど同じもの），

$$y_k = 5y_{k-1} - 6y_{k-2} \qquad (k \geq 0) \tag{1.28}$$

ただし，$y_{-2} = 13$，$y_{-1} = 30$，$y_k = 0$ $(k < -2)$

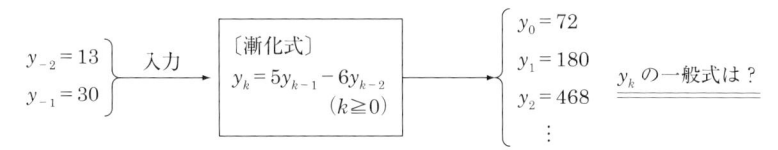

```
 y_{-2} = 13  ┐ 入力  ┌〔漸化式〕      ┐  ┌ y_0 = 72
 y_{-1} = 30  ┘       │ y_k = 5y_{k-1}  │  │ y_1 = 180     y_k の一般式は？
                      │   - 6y_{k-2}    │  │ y_2 = 468
                      │     (k≧0)       │  │  ⋮
                      └─────────────────┘  └
```

図 1.7　「数列」発生器

を解いてみよう（**図 1.7**）．「漸化式を解く」とは，一般項 y_k（$k \geq 0$）を求めるという意味だ．

このとき，式（1.28）は漸化式なので，

$$\begin{cases} y_{-2} = 13 \\ y_{-1} = 30 \\ y_0 = 5y_{-1} - 6y_{-2} = 5 \times 30 - 6 \times 13 = 150 - 78 = 72 \\ y_1 = 5y_0 - 6y_{-1} = 5 \times 72 - 6 \times 30 = 360 - 180 = 180 \\ \quad \vdots \end{cases} \tag{1.29}$$

という数列が得られる．ここで，はたして整数 k（≥ 0）に関する一般項を求められるかどうか，楽して解く方法を伝授する前に，アナログ微分方程式と同様に，オーソドックスな解法手順を紹介しよう．

◆オーソドックスな数学的解法

基本的な解法テクニックは，式（1.28）を，

$$y_k - \alpha y_{k-1} = \beta(y_{k-1} - \alpha y_{k-2}) \tag{1.30}$$

のように，$y_k - \alpha y_{k-1}$ が等比級数の形になるように変形する必要がある．

まず，式（1.30）を次のように整理してみる．

$$y_k = (\alpha + \beta)y_{k-1} - \alpha\beta y_{k-2} \tag{1.31}$$

ここで，式（1.28）の y_{k-1}，y_{k-2} の係数と比較すると，

$$\alpha + \beta = 5, \quad \alpha\beta = 6 \tag{1.32}$$

となる．つまり，α, β とは，式（1.28）において $y_k \to \lambda^2$，$y_{k-1} \to \lambda$，$y_{k-2} \to 1$

と置き換えたときの2次方程式，すなわち，

$$\lambda^2 = 5\lambda - 6 \Rightarrow \lambda^2 - 5\lambda + 6 = 0 \quad [\textbf{特性方程式}という] \quad (1.33)$$

の根に一致することになる．

したがって，式（1.33）の特性方程式が，

$$\lambda^2 - 5\lambda + 6 = (\lambda - 2)(\lambda - 3) = 0$$

と因数分解できるので，根 λ（$= \alpha, \beta$）は2，3である．式（1.32）より，$\alpha = 2$ と $\beta = 3$ は対称であり，α と β を入れ替えることができる．すると，式（1.30）に対応する2つの関係式が得られる．

$$\begin{cases} y_k - 2y_{k-1} = 3(y_{k-1} - 2y_{k-2}) & (1.34) \\ y_k - 3y_{k-1} = 2(y_{k-1} - 3y_{k-2}) & (1.35) \end{cases}$$

さらに，式（1.34）より，$k \geqq 0$ に対して，

$$\begin{aligned} y_k - 2y_{k-1} &= 3(y_{k-1} - 2y_{k-2}) \\ &= 3^2(y_{k-2} - 2y_{k-3}) = \cdots = 3^{k+1}(y_{-1} - 2y_{-2}) \end{aligned} \quad (1.36)$$

と表される．同様に，式（1.35）より，$k \geqq 0$ に対して，

$$\begin{aligned} y_k - 3y_{k-1} &= 2(y_{k-1} - 3y_{k-2}) \\ &= 2^2(y_{k-2} - 3y_{k-3}) = \cdots = 2^{k+1}(y_{-1} - 3y_{-2}) \end{aligned} \quad (1.37)$$

が導かれる．

2つの式に，初期値（$y_{-1} = 30$，$y_{-2} = 13$）を代入すれば，

$$y_k - 2y_{k-1} = 4 \times 3^{k+1} \quad (1.38)$$

$$y_k - 3y_{k-1} = -9 \times 2^{k+1} \quad (1.39)$$

と整理できる．さらに続けて，式（1.38）から式（1.39）を減ずると，

$$y_k - 2y_{k-1} - (y_k - 3y_{k-1}) = 4 \times 3^{k+1} - (-9 \times 2^{k+1})$$

であり，最終的に，

$$y_{k-1} = 4 \times 3^{k+1} + 9 \times 2^{k+1}$$
$$= 36 \times 3^{k-1} + 36 \times 2^{k-1} = 36 \times (3^{k-1} + 2^{k-1}) \quad (1.40)$$

となるので，(k–1) を k に置き換えることにより，

$$y_k = 36 \times (3^k + 2^k) \qquad ; k \geq 0 \quad (1.41)$$

となり，漸化式の一般項 y_k が求まる．

なお，式（1.41）の解が正しいことは，$k = 0$，1 を代入してみれば，

$$y_0 = 36 \times (3^0 + 2^0) = 36 \times (1+1) = 72$$

$$y_1 = 36 \times (3^1 + 2^1) = 36 \times (3+2) = 180$$

となり，式（1.29）に一致することで確認できる．

いやはや，かなり汗をかきましたよ．なんせ，説明する小生も何十年かぶりに解いたので，冷や汗もの．フーッと一呼吸……．オーソドックスな方法では，漸化式（1.28）を解くのに，このように回りくどいことをやる必要がある．

◆鮮やかに解ける z 変換による計算法

さっきのような漸化式を解くのは手間がかかって大変だと感じた人のために，**z 変換**がある．簡略な解法としての裏技テクニックである．まあ，読んでみて納得していただきたい！

z 変換は，ラプラス変換のディジタル版に対応づけることができる．やり方は，変換表を見るだけでおしまいだ（**表 1.2**）．もちろん，変換表を導出する数学的な証明はまったく気にしなくてよい（変換表さえ，あれば十分）．私たちは細かいことには目をつぶって，出来あがった変換表を，なりふり構わず使うだけなのだ．

まず，表 1.2 の式（1.42）と式（1.43）の対応関係を式（1.28）の漸化式に適用すれば，初期条件［$y_{-2} = 13$，$y_{-1} = 30$］より，

27

表1.2　数列のz変換による表現

数列	⇔	z変換	
y_k	⇔	$Y(z)$	(1.42)
y_{k-m}	⇔	$z^{-m}Y(z) + Y_0(z)$	(1.43)
		ただし，$Y_0(z) = y_{-m} + y_{-m+1}z^{-1} + y_{-m+2}z^{-2} + \cdots + y_{-1}z^{-m+1}$	
γ^k	⇔	$\dfrac{1}{1-\gamma z^{-1}}$	(1.44)

$$y_k\ =\ 5y_{k-1}\ -6y_{k-2} \quad [(1.28)の再掲]$$

$$\Updownarrow \qquad \Updownarrow \qquad \Updownarrow$$

$$Y(z) = 5\{z^{-1}Y(z)+30\} - 6\{z^{-2}Y(z)+13+30z^{-1}\} \tag{1.45}$$

のようになり，さらに整理すれば，

$$Y(z) = 5z^{-1}Y(z) - 6z^{-2}Y(z) + 72 - 180z^{-1} \tag{1.46}$$

となる $Y(z)$ を未知数とする1次方程式が得られる．よって，数列 $\{y_k\}_{k=0}^{k=\infty}$ のz変換 $Y(z)$ は，次のように求められる．

$$Y(z) = \frac{72-180z^{-1}}{1-5z^{-1}+6z^{-2}} = \frac{72-180z^{-1}}{(1-2z^{-1})(1-3z^{-1})} \tag{1.47}$$

続いて，式（1.47）を，

$$Y(z) = \frac{36}{1-2z^{-1}} + \frac{36}{1-3z^{-1}} \tag{1.48}$$

と部分分数分解（部分分数分解の計算の仕方については，**4-4～4-6**を参照）して，**表1.2**の式（1.44）の関係を適用してみよう．すると，

$$\frac{36}{1-2z^{-1}} = 36 \times \frac{1}{1-2z^{-1}} \quad \Leftrightarrow \quad 36 \times 2^k \qquad (\gamma=2\text{を代入})$$

$$\frac{36}{1-3z^{-1}} = 36 \times \frac{1}{1-3z^{-1}} \quad \Leftrightarrow \quad 36 \times 3^k \qquad (\gamma = 3 \text{ を代入})$$

となるので，最終的に一般項は，

$$y_k = 36 \times (2^k + 3^k) \qquad ; k \geqq 0$$

と求められる．

　やった！　これでおしまい．このような簡便な方法で，式（1.41）と同じ結果が鮮やかに計算できたのだ．z 変換の凄さが実感できるでしょう．数列（実は，音声／画像／制御システムなどのディジタル信号に相当）の z 変換表を利用するだけで，漸化式（ディジタル・システムの差分方程式に相当）がスラスラ解けてしまうのである．これを大学入試の前にマスターしていたら，複雑な漸化式の入試数学で苦労することもなかったのにと，残念がる人さえいるかもしれない……．

　このように，**ラプラス変換はアナログ・システム解析で，z 変換はディジタル・システム解析で，八面六臂の大活躍をする**基本テクニックであることをしっかりと記憶に留めて，以後の章を読み進めていただきたい．

第2章 ラプラス変換とz変換の基礎をマスターしよう

　この章ではまず，ラプラス変換とz変換を定義しよう．そして，定義式をもとに，必要最小限の基本的な関数（波形）についての変換表を作成することによって，「ラプラス変換とz変換では，こういう計算をやっているのか」というイメージをつかんでいただこう．同時に，ラプラス変換値とアナログ信号，z変換値とディジタル信号の対応関係を，それらの基本的な計算とともに，わかりやすく説明する．

　具体的には，基本的な信号（ステップ関数，インパルス関数，指数関数など）を対象に，ラプラス変換とz変換の変換表を作成する．変換表の作成に際して，少々複雑な計算プロセスを知っていれば大いに役立つことが

多いので，おっくうがらず手を動かして計算し，しっかりと理解しておきたい．

> この章で重要な概念が，ラプラス変換はアナログ信号全体，z 変換はディジタル信号全体を表すということである．ラプラス変換や z 変換を行うと，表関数から 1 個か複数個の項からなる裏関数へ化けてしまうのだが，その項には，$t=0$ から始まってずっと続く信号全体が含まれているのだ．このことは頭の片隅にでもしっかりと入れておいていただきたい．

2-1 ラプラス変換の定義を知ろう

いま，$t≧0$ で 1 価の実関数 $x(t)$ が定義されているとする．この $x(t)$ は，解析の対象にしたいアナログ信号に対応する．

ここで（これはラプラスさんの素晴らしい思いつきなのだが），この $x(t)$ と指数関数 e^{-st} とを掛けて，積 $x(t)e^{-st}$ をつくってみる．右肩が負の数になっている指数関数は，t が大きくなるとともに非常に急激に減衰するから，この積 $x(t)e^{-st}$ も減衰すると都合がいい．

この積 $x(t)e^{-st}$ を被積分関数として，変数 t に関して 0 から ∞ まで積分することを考えてみよう．被積分関数が適当に減衰してくれるなら，t が増えても積分が発散せずに済んで，ある積分値が求まるだろう．この積分値は変数 s の関数になるので，これを $X(s)$ と表記する．これがラプラス変換である．すなわち，$x(t)$ のラプラス変換 $\mathcal{L}[x(t)]$ は，次のように定義される．

【ラプラス変換の定義】

$$\mathcal{L}[x(t)] = X(s) = \int_0^\infty x(t)e^{-st}dt \tag{2.1}$$

この $\mathcal{L}[x(t)]$ で使われる $\mathcal{L}$ という記号は，ラプラス変換の基礎を与えた数学者ラプラス（Laplace）さんのイニシャル "L" の飾り文字である．「ラプラス変換をする」ことを，$\mathcal{L}$ という 1 文字で表すことができる．

一般に，式（2.1）によって得られる関数 $X(s)$ を「$x(t)$ の**裏関数**（あるいは，s 関数，像関数）」という．これに対して，もとの実関数 $x(t)$ を「**表関数**（あるいは，t 関数，原関数）」という．

> ラプラス変換は積分範囲が無限大なので，任意 s に対して式（2.1）の積分が収束するとは限らないことには注意が必要である．もっとも，通常，工学の分野で現れる表関数 $x(t)$ の裏関数 $X(s)$ のほとんどが収束条件を満たしている．そのため，本書では，原則として収束性を前提として議論を進めていくことにする．

また，裏関数 $X(s)$ から表関数 $x(t)$ に戻すための処理は，**ラプラス逆変換**と呼ばれる．これは，変数 s に関する複素積分として，

【ラプラス逆変換の定義】

$$\mathcal{L}^{-1}[X(s)] = x(t) = \frac{1}{2\pi j}\int_{\sigma-j\infty}^{\sigma+j\infty} X(s)e^{st}ds \tag{2.2}$$

で表される（ここで，$t>0$）．ただし，σ は積分が収束するように適当に定められた定数であり，式（2.2）は，複素平面上において $X(s)e^{st}$ を虚軸に平行な直線 C に沿って積分することによって計算される（図 2.1）．

このとき，ラプラス関数における表関数 $x(t)$ が，必ず $t<0$ において 0 であることに注意してほしい．$x(t)$ は，時刻 $t=0$ から始まって正の時間

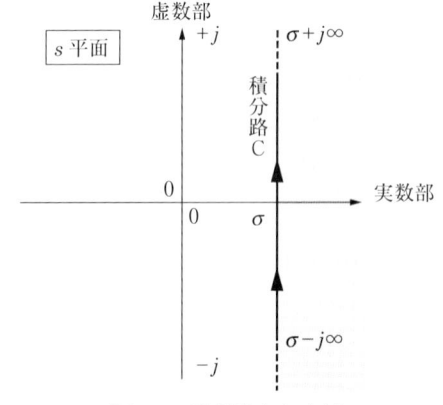

図 2.1　積分路と収束域

へと続く信号を表す．$t=0$ よりも過去は全て 0 だと考える．つまり，**図 2.2 (a)** に示す「$t<0$ において 0 ではない関数 $g(t)$」をラプラス変換の対象とするためには，$t<0$ では恒等的に 0 となるように，**図 2.2 (b)** の関数として考えなければならない．このことを数式で明確に表す方法として，**図 2.3** に示す単位ステップ関数 $u(t)$ を用いる．

$$u(t) = \begin{cases} 1 & ;t \geq 0 \\ 0 & ;t < 0 \end{cases} \tag{2.3}$$

これは，式（2.3）を見ても明らかなように，時刻 $t=0$ より前には 0 となり，時刻 $t=0$ より後には 1 となる関数だ．$u(t)$ を用いて次のように表せば，$t<0$ では恒等的に 0 となり，都合がよい．

(a) $g(t)$ (b) $x(t) = g(t)u(t)$

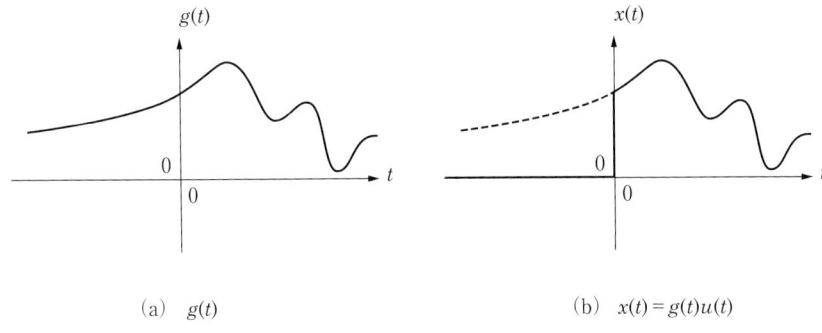

図 2.2　ラプラス変換の対象となる信号波形

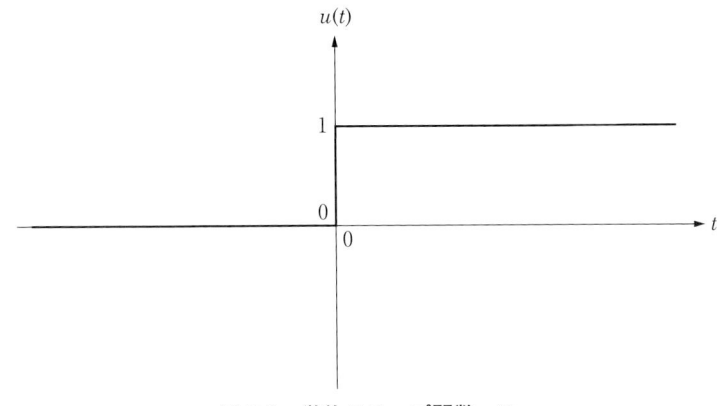

図 2.3　単位ステップ関数 $u(t)$

33

$$x(t) = g(t)u(t) = \begin{cases} g(t) & ; t \geq 0 \\ 0 & ; t < 0 \end{cases} \quad (2.4)$$

ところで，初めてラプラス変換を目にするかもしれない皆さんは，式（2.1）や式（2.2）の積分計算は複雑で，大変そうに思われるかもしれない．でも，安心していただきたい．何にも心配することはないのである．なぜなら，式（2.1）と式（2.2）との関係から容易に想像できるように，$x(t)$ と $X(s)$ が 1 対 1 に対応しているからだ．つまり，$x(t)$ が与えられ，これをラプラス変換して $X(s)$ が得られたとすれば，逆に $X(s)$ から，これに対応する $x(t)$ が得られるということなるである．こうした $x(t)$ と $X(s)$ の関係を「**ラプラス変換対**」と呼び，以下では「⇔」の記号を用いて次のように表すことにする．

$$x(t) \Leftrightarrow X(s) \quad (2.5)$$

このように，ラプラス変換 $X(s)$ を一度計算し，その結果をうまく組み合わせて利用する術(すべ)を理解してさえいれば，難しい積分を計算し直す必要もないのだ．しかも，比較的よく使われる $x(t)$ と $X(s)$ については，「**ラプラス変換表**（例えば，表 1.1，付録 A を参照）」の形でまとめられているので，**ラプラス変換表を参照するだけで事足りる**場合が多い．実際にラプラス変換［式（2.1）］とラプラス逆変換［式（2.2）］の積分計算を行う必要はほとんどなく，多くの場合 $X(s)$ を適切に変形し，ラプラス変換表を参照することにより，積分計算を行わずして積分計算を行ったことになる（!?）のである．これなら，簡単で，安心だ．

ところで，これまでの説明に登場した変数 s は，実は複素数であり，

$$s = \sigma + j\omega \quad ; j = \sqrt{-1} \text{ で虚数単位} \quad (2.6)$$

と置けば，オイラーの公式（$e^{j\theta} = \cos\theta + j\sin\theta$，$\theta = \omega t$）を適用して，

$$\begin{aligned} e^{-st} &= e^{-(\sigma+j\omega)t} = e^{-\sigma t}e^{-j\omega t} \\ &= e^{-\sigma t}(\cos\omega t - j\sin\omega t) \end{aligned} \quad (2.7)$$

となる．この関係式より，式（2.1）のラプラス積分は，

$$\int_0^\infty x(t)e^{-st}dt = \int_0^\infty x(t)e^{-\sigma t}\cos\omega t dt - j\int_0^\infty x(t)e^{-\sigma t}\sin\omega t dt \tag{2.8}$$

と表されるので，$X(s)$ は一般に複素関数になる．ここで，虚数単位の記号は，数学では i を使うが，電気電子工学などの分野では i は電流を表す変数として用いられることが一般的なので，混乱を防ぐ意味で j を使うことにする．

> ラプラス変換の説明には，このように必ず複素関数や複素積分が出てくるので，戸惑いがあるかもしれない．しかし，せっかく複素数の説明をしておきながら恐縮だが，どこまでの複素関数論の知識が必要かと言えば，（微積分方程式や電気回路の過渡現象を求めるための計算ツールとして使うだけであれば）実はほとんど複素関数論の知識は必要とはされない．場合によっては，あたかも実数であるかのごとく扱っても，何の不合理も生じないことが多い．

また，式（2.6）に登場する変数 ω が，交流電気の角周波数，あるいはモータの回転角速度を表すもので，単位はいずれも［rad/秒］であり，交流周波数 f［Hz］（モータの場合は回転数 f［回転/秒］）との間には，

$$\omega = 2\pi f \tag{2.9}$$

という関係が成立する．

2-2 z 変換の定義を知ろう

まず，ラプラス変換の定義［式（2.1）］に基づき，図 2.4 のように，複素関数 $x(t)e^{-st}$ のグラフの区間 $0 \leq t < \infty$ で，t 軸とグラフで囲まれた面積を考える．このアミカケの面積を一般的に求める方法として，図 2.5 のように微小区間 Δt の幅の"たんざく"の面積の総和で近似するのである．この"たんざく"の面積の総和のことを，詳しく研究した数学者の名にちなんで，**リーマン和**と呼ぶ．

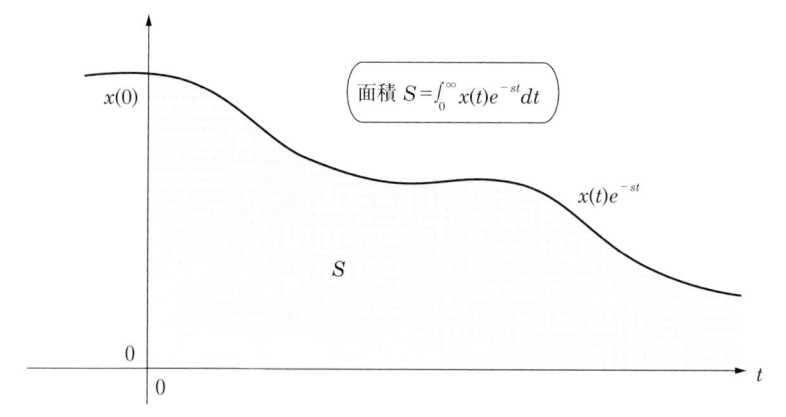

図 2.4 グラフの囲まれた面積（アミカケ部分）

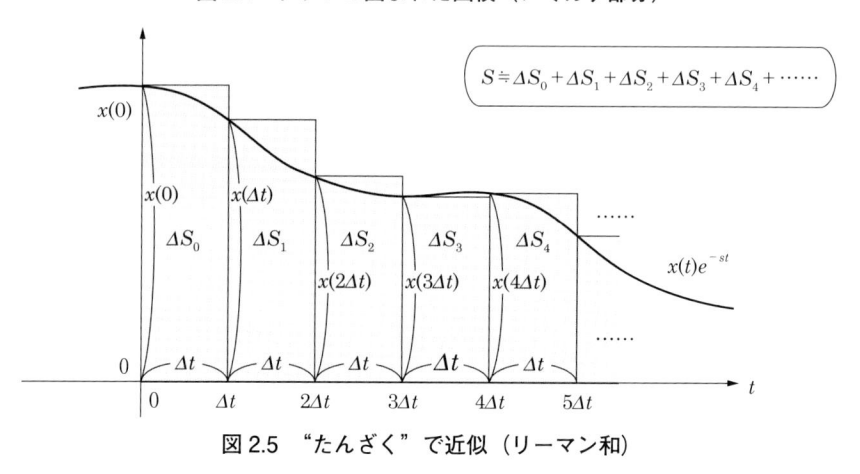

図 2.5 "たんざく"で近似（リーマン和）

いま，左から数えて k 番目の面積（長方形）を ΔS_k とおくと，図 2.6 から明らかなように，

$$\Delta S_k = x(k\Delta t)e^{-ks\Delta t} \times \Delta t \qquad ; k = 0,\ 1,\ 2,\ 3,\ \cdots$$

と表される．よって，これら 1 つ 1 つの "たんざく"の面積を，図 2.5 に示したすべてについて加え合わせれば，"たんざく"の総面積，すなわち式（2.1）のラプラス変換の近似値が得られるということになる．

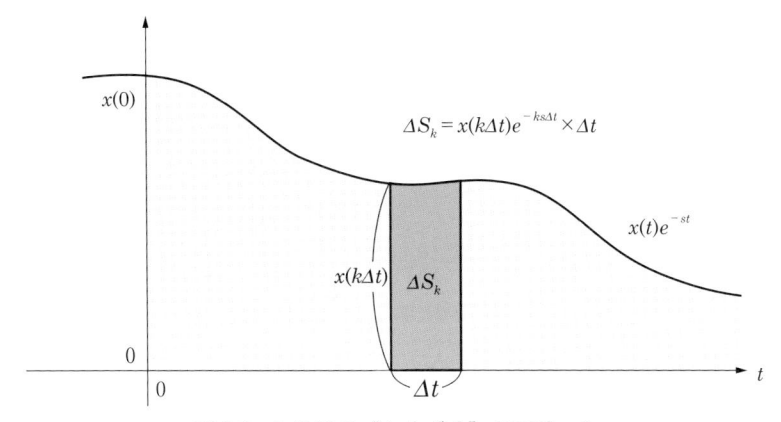

図 2.6　k 番目の"たんざく"の面積 ΔS_k

$$\text{ラプラス変換} = \Delta S_0 + \Delta S_1 + \Delta S_2 + \Delta S_3 + \cdots$$
$$= x(0) \times \Delta t + x(\Delta t)e^{-s\Delta t} \times \Delta t + x(2\Delta t)e^{-2s\Delta t} \times \Delta t$$
$$+ \cdots + x(k\Delta t)e^{-ks\Delta t} \times \Delta t + \cdots \tag{2.10}$$

この式が，図 2.5 のリーマン和の具体的な式表現であり，この等分割された"たんざく"の幅を限りなく小さくしていくと，近似の精度が限りなく向上して，式（2.1）のラプラス変換に限りなく一致していくことになる．

ここで，式（2.10）に現れる $e^{-s\Delta t}$ に着目して，これを

$$e^{-s\Delta t} = z^{-1} \tag{2.11}$$

とおく．すると，式（2.10）は，

ラプラス変換（リーマン和による表現）
$$= x(0) \times \Delta t + x(\Delta t)z^{-1} \times \Delta t + x(2\Delta t)z^{-2} \times \Delta t + \cdots + x(k\Delta t)z^{-k} \times \Delta t + \cdots$$
$$= \left\{ x(0) + x(\Delta t)z^{-1} + x(2\Delta t)z^{-2} + \cdots + x(k\Delta t)z^{-k} + \cdots \right\} \times \Delta t$$
$$= \Delta t \sum_{k=0}^{\infty} x(k\Delta t) z^{-k} \tag{2.12}$$

と書き直せることになる．ここで，式（2.11）の関係は，アナログ（時間連続）信号とディジタル（時間離散）信号との間の橋渡しをする重要な関

37

係であるので，しっかりと記憶に留めておいてもらいたい．

　表関数 $x(t)$ を微小区間 Δt の幅でサンプルした値が $x(k\Delta t)$（これを $x(k\Delta t) = x_k$ と略記する）であり，それに z^{-k} を掛けたものを順次足していくと，式（2.12）の $\sum_{k=0}^{\infty} x(k\Delta t) z^{-k}$ という総和になる（これは変数 z に着目すると，べき級数の一種である）．この総和を $X(z)$ と表記して，ディジタル信号 $\{x_k = x(k\Delta t)\}_{k=0}^{k=\infty}$ の z 変換 $Z[x_k]$ を次のように定義する．

【z 変換の定義】

$$Z[x_k] = X(z) = \sum_{k=0}^{\infty} x_k z^{-k} \qquad (2.13)$$

この $Z[x_k]$ の Z は，z 変換の頭文字である．一般に，式（2.13）によって得られる関数 $X(z)$ を「$\{x_k\}_{k=0}^{k=\infty}$ の**裏関数**（あるいは，z 関数，像関数）」という．これに対して，もとのディジタル信号 $\{x_k\}_{k=0}^{k=\infty}$ を「**表関数**（あるいは，t 関数，原関数）」という．なお，式（2.12）との間には，

$$Z[x_k] = \frac{\text{ラプラス変換（リーマン和による表現）}}{\Delta t} \qquad (2.14)$$

で表される関係が成り立つ．

　式（2.13）で定義された z 変換は，$k \geq 0$ のみで値をもつ $\{x_k\}_{k=0}^{k=\infty}$ を対象としたものであり，その意味で**片側 z 変換**と呼ぶこともある．ここで，単位ステップ関数

$$u_k = u(k\Delta t) = \begin{cases} 1 & ; k \geq 0 \\ 0 & ; k < 0 \end{cases}$$

を用いて，$\{x_k u_k\}_{k=-\infty}^{k=\infty}$ と表すこともできる．

　このように，式（2.13）の z 変換に含まれる z のべき乗「z^{-k}」は，"$k\Delta t$［秒］遅れた（右にずれた）サンプリング時刻（$t = k\Delta t$）"を表す．z のべき乗「z^{-k}」には，つねに時刻 $t = k\Delta t$ での信号値「x_k」が掛かっているので，「$x_k z^{-k}$」という項を見れば，ディジタル信号の時間（位置）と信号値を同時に読み出すことができる．これは z 変換の"翻訳テクニック"

といったもので，「$x_k z^{-k}$」を見て「どの時刻の信号値がいくらだ」と頭の中に思い描けるようになれば，信号処理でとても便利である．

翻訳例1 3

定数項「3」は，$z^0 = 1$ より $3 = 3 \times z^0 = 3 \times (z^{-1})^0$ に等しいので，時刻 $t = 0$［秒］における信号値が「3」であることを示す

翻訳例2 $4z^{-3}$

「z^{-3}」は $3\Delta t$［秒］遅れた時刻 $t = 3\Delta t$［秒］を表し，z^{-3} の係数が「4」なので信号値が 4 であることがわかる．まとめてみると，「$4z^{-3}$」は時間原点より右側に位置し，"$3\Delta t$［秒］遅れた時刻における信号値が 4"となる

翻訳例3 $-z^6$

「z^6」は $6\Delta t$［秒］進んだ時刻 $t = -6\Delta t$［秒］を表し，「$-z^6 = (-1)z^6$」なので時間原点より左側に位置し，"$6\Delta t$［秒］進んだ時刻における信号値が（-1）"と解釈できる

これらの翻訳例からわかるように，ディジタル信号の数式表現を「時刻」と「信号値」の2つのパラメータに読み分けるという"翻訳テクニック"を身につければ，z変換を理解するうえでの大きなハードルを越えたことになる（しっかりと覚えておいてくださいよ）．こうした"数式表現の翻訳"を十分に理解しておくことによって，関数表現による数学の世界と，現実のさまざまな信号の世界とを直接的に結び付けることが可能となるわけである．

一方，裏関数 $X(z)$ から表関数のディジタル信号 $\{x_k\}_{k=0}^{k=\infty}$ を求めるための処理は**逆 z 変換**と呼ばれる．これは，変数 z に関する複素積分として，すなわち $k \geq 0$ に対し，

【逆 z 変換の定義】

$$Z^{-1}[X(z)] = x_k = \frac{1}{2\pi j} \oint_C X(z) z^{k-1} dz \tag{2.15}$$

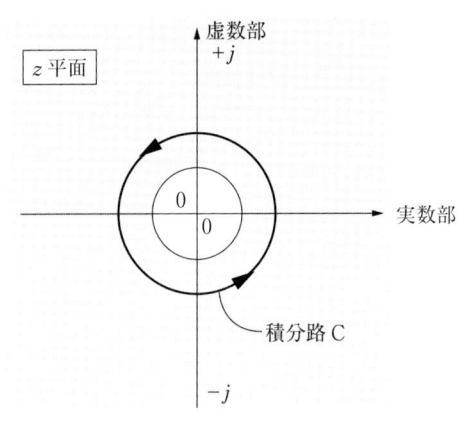

図 2.7　逆 z 変換の積分路と収束域

で表される．式 (2.15) は，積分路 C に関する複素積分（周回積分）であり，その積分路 C は**図 2.7** に示すように収束域にとるものとする．

もちろん，ラプラス変換と同じく z 変換の場合も，$\{x_k\}_{k=0}^{k=\infty}$ と $X(z)$ は 1 対 1 に対応しているので，$\{x_k\}_{k=0}^{k=\infty}$ が与えられ，これを z 変換して $X(z)$ が得られたとすれば，逆に $X(z)$ から，これに対応する $\{x_k\}_{k=0}^{k=\infty}$ が得られるということなるである．こうした $\{x_k\}_{k=0}^{k=\infty}$ と $X(z)$ の関係を「**z 変換対**」と呼び，以下では '⇔' の記号を用いて次のように表すことにする．

$$x_k \Leftrightarrow X(z) \tag{2.16}$$

このように，z 変換 $X(z)$ を一度計算し，その結果を巧みに利用するテクニックを身に付けてさえいれば，式 (2.15) の難しい複素積分値を算出する必要もないのだ．しかも，比較的よく使われる $\{x_k\}_{k=0}^{k=\infty}$ と $X(z)$ については，「**z 変換表**（例えば，表 1.2，付録 A，付録 D を参照）」の形でまとめられているので，**z 変換表を参照するだけで事足りる**場合が多い．実際に z 変換 ［式 (2.13)］ および逆 z 変換 ［式 (2.15) の複素積分］ の計算を行う必要はほとんどなく，多くの場合 $X(z)$ を適切に変形し，z 変換表を参照することにより，複素積分を実際には行わなくても，複素積分を行ったことになる（！）のである．これは本当に，楽だ！

ナットクの例題 2-1

次の z 変換を有するディジタル信号を求めよ．

① $X(z) = -5z^{-3}$ ② $X(z) = \dfrac{1}{1 - 0.5z^{-1}}$

[答えはこちら→]

① 1つの項（$-5z^{-3}$）しかないので，$t = 3\Delta t$［秒］に信号値（-5）で，たった1個の信号と思われるかもしれないが，z 変換はディジタル信号全体を表すので，式（2.13）に基づき，

$$X(z) = 0 \times z^0 + 0 \times z^{-1} + 0 \times z^{-2} + (-5) \times z^{-3} + 0 \times z^{-4} + 0 \times z^{-5} + \cdots$$

と考えられる．つまり，無限個のディジタル信号 $\{x_k\}_{k=-\infty}^{k=\infty}$ として，

$$x_k = \begin{cases} -5 & ; k = 3 \\ 0 & ; k \neq 3 \end{cases}$$

となる．

② 式（2.13）に示した「z^{-1} に関するべき級数」の式に変形することが，ディジタル信号を知るためのキーポイントである．分数の形（専門的には，「有理関数」という）をした z 変換 $X(z)$ を，分母がない無限級数にすることが必要だ．それには，小学校で習った「分数と小数」を思い出してもらえると計算のヒントが得られる．例えば，

$$\frac{1}{3} \rightarrow 0.33333\cdots$$

であり，

$$\begin{aligned} 0.33333\cdots &= 3 \times 0.1 + 3 \times (0.1)^2 + 3 \times (0.1)^3 + \cdots \\ &= 0.3 \times \{1 + (0.1) + (0.1)^2 + (0.1)^3 + \cdots\} \end{aligned}$$

のように，無限に続く足し算，すなわち無限級数として表されることに気づかれるであろう．つまり，分数を無限に続く小数に直すには，"わり算"をすればよい．なんと，「z 変換の基礎」となる考え方が「小学生の算数」

に潜んでいたのだから，驚きである！ z 変換で登場する数式も，小学生の算数の応用のようなもので，そんなに難しくはないのである．みなさんには安心して本書を読み進めていただきたい．

もとに戻って，$X(z) = \dfrac{1}{1 - 0.5z^{-1}}$ の分数の"わり算"を実行してみよう．以下に，計算のようすを示す．

$$
\begin{array}{r}
1 + 0.5z^{-1} + 0.25z^{-2} + 0.125z^{-3} + \cdots \\[2pt]
1 - 0.5z^{-1} \overline{) 1 } \\
\underline{1 - 0.5z^{-1}} \\
0.5z^{-1} \\
\underline{0.5z^{-1} - 0.25z^{-2}} \\
0.25z^{-2} \\
\underline{0.25z^{-2} - 0.125z^{-3}} \\
0.125z^{-3} \\
\cdots\cdots\cdots\cdots\cdots
\end{array}
$$

以上の結果より，べき級数展開式が，

$$
\begin{cases}
x_k = 0 \quad (k < 0) \\
x_0 = 1 = 0.5^0, \quad x_1 = 0.5 = 0.5^1, \quad x_2 = 0.25 = 0.5^2, \\
x_3 = 0.125 = 0.5^3, \quad \cdots, \quad x_k = 0.5^k, \quad \cdots
\end{cases}
$$

で表される．

2-3 単位ステップ関数（単位階段関数）

最初は，図 2.8 に示す単位ステップ関数 $u(t)$（単位階段関数ともいう），すなわち，

$$x(t) = u(t) = \begin{cases} 1 & ; t \geq 0 \\ 0 & ; t < 0 \end{cases} \tag{2.17}$$

のラプラス変換と z 変換の計算から始めよう．

$$u(t) = \begin{cases} 1 : t \geq 0 \\ 0 : t < 0 \end{cases}$$

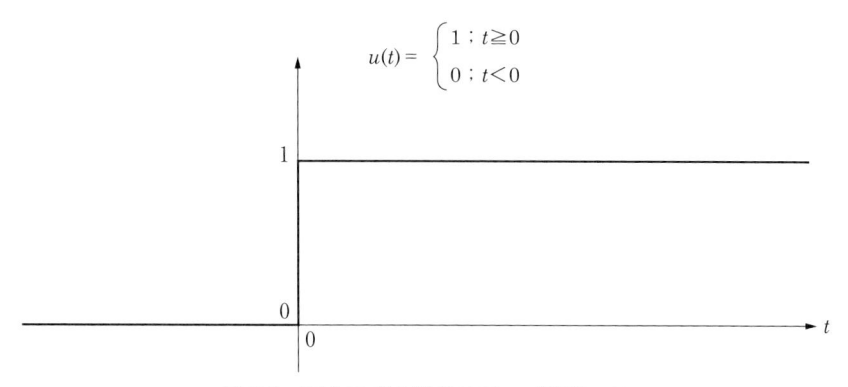

図 2.8　アナログの単位ステップ関数 $u(t)$

ラプラス変換

単位ステップ関数 $u(t)$ のラプラス変換は，式（2.1）の定義により，

$$\mathcal{L}[x(t)] = X(s) = \int_0^\infty u(t)e^{-st}dt$$
$$= \int_0^\infty e^{-st}dt \tag{2.18}$$

$$= \left[-\frac{1}{s}e^{-st}\right]_{t=0}^{t=\infty} = \lim_{x\to\infty}\left(-\frac{1}{s}e^{-st}\right) - \left(-\frac{1}{s}e^{-s\cdot 0}\right)$$
$$= \lim_{t\to\infty}\left(-\frac{1}{s}e^{-st}\right) + \frac{1}{s} \tag{2.19}$$

という積分を計算することで求められる．式（2.19）の最右辺の第 1 項に極限（lim）が現れているので，これが収束するかどうかが問題になる．この値が収束するためには，$\lim_{t\to\infty}(e^{-st})$ が 0 になる必要がある．

ところで，式（2.7）の関係 $[e^{-st} = e^{-\sigma t}(\cos\omega t - j\sin\omega t)]$ より，$|\cos\omega t| \leq 1$, $|\sin\omega t| \leq 1$ であることを考慮すれば，$\lim_{t\to\infty}(e^{-st})$ の収束性は $\lim_{t\to\infty}(e^{-\sigma t})$ が収束するかどうかに帰着される．ここで図 2.9 を見ていただくと，変数 s の実数部を $\mathfrak{Re}(s)$ で表せば，

$$\sigma = \mathfrak{Re}(s) > 0 \tag{2.20}$$

の条件のもとで，$\lim_{t\to\infty}(e^{-st}) = 0$ となることがわかる．結局，式（2.19）の最右辺の第 1 項は 0 に収束するので，式（2.19）より，単位ステップ関

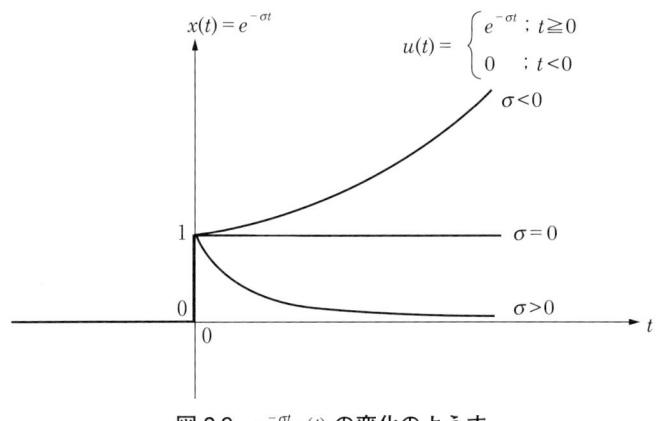

図 2.9 　$e^{-\sigma t}u(t)$ の変化のようす

数 $u(t)$ のラプラス変換対は次のようになる．

$$u(t) \Leftrightarrow \frac{1}{s} \tag{2.21}$$

次に，ものは試しということで，単位ステップ関数 $u(t)$ のラプラス変換を，式 (2.18) に基づき，式 (2.10) のリーマン和による計算手法から導き出してみたい．すなわち，

$$\begin{aligned}
\text{ラプラス変換} &= \int_0^\infty e^{-st}dt \\
&= e^{-s\cdot 0}\times \Delta t + e^{-s\Delta t}\times \Delta t + e^{-2s\Delta t}\times \Delta t + e^{-3s\Delta t}\times \Delta t + \cdots \\
&= \Delta t \times \left\{1 + e^{-s\Delta t} + e^{-2s\Delta t} + e^{-3s\Delta t} + \cdots \right\} \\
&= \Delta t \times \left\{1 + e^{-s\Delta t} + (e^{-s\Delta t})^2 + (e^{-s\Delta t})^3 + \cdots \right\} \tag{2.22} \\
&= \Delta t \times \frac{1}{1 - e^{-s\Delta t}} \tag{2.23}
\end{aligned}$$

となる．ここで，式 (2.23) の $\{\ \}$ の中は等比級数（公比 α）の無限項の総和公式として，

$$1 + \alpha + \alpha^2 + \alpha^3 + \alpha^4 + \cdots = \frac{1}{1-\alpha} \tag{2.24}$$

を利用し，$\alpha = e^{-s\Delta t}$ とおくことにより簡単に導かれる．

また，指数関数 e^β のテイラー級数による展開式として，

$$e^\beta = 1 + \beta + \frac{1}{2}\beta^2 + \frac{1}{6}\beta^3 + \cdots + \frac{1}{k!}\beta^k + \cdots \tag{2.25}$$

ただし，$k! = 1 \times 2 \times 3 \times \cdots \times (k-1) \times k$

が知られている．指数部 $\beta = -s\Delta t$ とおいて，"たんざく"の微小幅 Δt が十分に小さいとするとき，式（2.25）の2次以上の項を無視すれば，

$$e^{-s\Delta t} \fallingdotseq 1 + (-s\Delta t) = 1 - s\Delta t \tag{2.26}$$

で与えられる．よって，式（2.23）は，

$$\text{ラプラス変換} = \Delta t \times \frac{1}{1-(1-s\Delta t)} = \Delta t \times \frac{1}{s\Delta t} = \frac{1}{s}$$

となり，ものの見事に式（2.21）のラプラス変換対が得られたことになるのである．

z 変換

まず，式（2.23）のリーマン和によるラプラス変換を利用して，単位ステップ関数 $\{u_k = u(k\Delta t)\}_{k=-\infty}^{k=\infty}$ の z 変換 $X(z)$ が導き出せることを示そう．すなわち，式（2.14）と式（2.23）を利用すれば，

$$X(z) = \frac{\Delta t \times \dfrac{1}{1-e^{-s\Delta t}}}{\Delta t} = \frac{1}{1-e^{-s\Delta t}} \tag{2.27}$$

と計算される．ここで，式（2.11）より，式（2.27）の $e^{-s\Delta t}$ を変数 z^{-1} で置き換えたものが z 変換に相当するので，単位ステップ関数 $u(t)$ の z 変換 $X(z)$ は，

$$X(z) = \frac{1}{1-z^{-1}} \tag{2.28}$$

となる．

一方，単位ステップ関数のディジタル信号は，図 2.10 に示すように式 (2.17) のサンプル値系列 $\{x_k = x(k\Delta t)\}_{k=-\infty}^{k=\infty}$ として，

$$x_k = u_k = \begin{cases} 1 & ; k \geq 0 \\ 0 & ; k < 0 \end{cases} \quad (2.29)$$

と表される．そこで，式（2.29）を式（2.13）の z 変換の定義式に代入してみよう．すると，

$$Z[x_k] = X(z) = \sum_{k=0}^{\infty} u_k z^{-k} = 1 + 1 \cdot z^{-1} + 1 \cdot z^{-2} + 1 \cdot z^{-3} + \cdots$$
$$= 1 + z^{-1} + z^{-2} + z^{-3} + \cdots = \frac{1}{1 - z^{-1}} \quad (2.30)$$

と計算される．最後の変形は，式（2.24）の無限級数の総和を求める公式を利用して，$\alpha = z^{-1}$ と置いた．結局ラプラス変換対は次のようになる．

$$u_k = \begin{cases} 1 & ; k \geq 0 \\ 0 & ; k < 0 \end{cases} \iff \frac{1}{1 - z^{-1}} \quad (2.31)$$

もちろん，得られた z 変換 $X(z)$ がリーマン和によるラプラス変換から求めた値［式（2.28）］に一致することも確認できる．

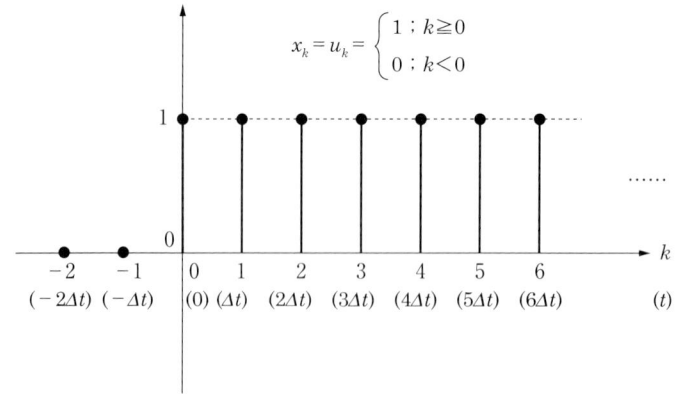

図 2.10　ディジタルの単位ステップ関数 $\{u_k = u(k\Delta t)\}_{k=-\infty}^{k=\infty}$

2-4 単位インパルス関数

今度は，図 2.11（a）に示す**単位インパルス関数** $\delta(t)$，すなわち，

$$\delta(t) = \begin{cases} \infty & ; t = 0 \\ 0 & ; t \neq 0 \end{cases}, \quad \int_{-\infty}^{\infty} \delta(t) dt = 1 \tag{2.32}$$

のラプラス変換と z 変換の計算だ．単位インパルス関数 $\delta(t)$ は，**デルタ関数**，ディラック関数などと呼ばれ，さまざまなシステムを解析する上での有力な武器になっている．この関数は物理的には，稲妻のような鋭いパルス状の波形を思い起こせばよいわけで，近似的にはパルス幅の狭い波形［図 2.11（b）］として実在するものをイメージしてもよい．

> 式（2.32）の $\delta(t)$ の定義は数学的には厳密ではないが，実用上ほとんど不都合は生じない．2 つ目の積分の式は，グラフと t 軸とで挟まれる部分の面積を t 軸全体にわたって積分すれば，総面積が 1 になることを示している．$t = 0$ では値が無限大，それ以外の点では値は 0，そして面積は 1 になるという不思議な関数だ（面積が 1 になることから，「単位」インパルス関数と呼ばれる）．

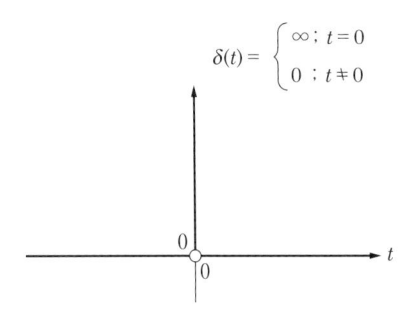

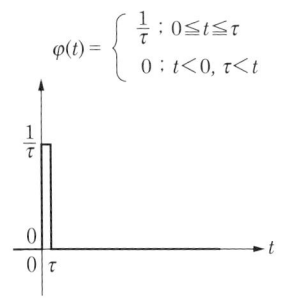

(a) インパルス関数　　(b) 方形波

図 2.11　アナログの単位インパルス関数 $\delta(t)$

ラプラス変換

式(2.1)のラプラス変換の定義に単位インパルス関数 $\delta(t)$ を代入すると，うまくいかない．$\delta(t)$ には普通の微分ができないからだ．そこで，次のような $\varphi(t)$ という 2 つの単位ステップ関数の差を考える．

$$\varphi(t) = \frac{1}{\tau}u(t) - \frac{1}{\tau}u(t-\tau) \tag{2.33}$$

この $\varphi(t)$ は，実は幅 τ と高さ $1/\tau$ をもつ 1 個の方形波（方形パルス）なので，t 軸との間で挟まれた面積は $\tau \times (1/\tau) = 1$ となる．この τ を 0 に近づけていくと，面積が 1 に保たれたまま，高さ ∞ の単位インパルス関数 $\delta(t)$ に近づくわけだ．方形パルス $\varphi(t)$ のラプラス変換は，

$$\mathcal{L}\left[\varphi(t)\right] = \frac{1}{\tau}\mathcal{L}\left[u(t)\right] - \frac{1}{\tau}\mathcal{L}\left[u(t-\tau)\right]$$
$$= \frac{1}{\tau}\cdot\frac{1}{s} - \frac{1}{\tau}\cdot\frac{1}{s}e^{-\tau s} = \frac{1-e^{-\tau s}}{\tau s}$$

となる．この τ を 0 に近づけると，結果は 1 になる．

> また，第 2 項の $u(t-\tau)$ のラプラス変換については，この章の最後の「関数ずらし」の技法を参照していただきたい．上の式で τ を 0 に近づけた結果が 1 になることの証明は，「ロピタルの定理」という数学の定理を使うだけで簡単だが，工学的にはあまり興味のあるものではないので，省略する．どうしても覚えていただきたいのは，「単位インパルス関数 $\delta(t)$ をラプラス変換すると 1 になる」という点だ．

結局，ラプラス変換対として次のように表される．

$$\delta(t) \quad \Leftrightarrow \quad 1 \tag{2.34}$$

z 変換

単位インパルス関数のディジタル信号は，**図 2.12** に示すように式(2.32)のサンプル値系列 $\{x_k = \delta(k\Delta t)\}_{k=0}^{k=\infty}$ として，

$$x_k = \delta_k = \delta(k\Delta t) = \begin{cases} 1 & ; k = 0 \\ 0 & ; k \neq 0 \end{cases} \tag{2.35}$$

と表される.

> アナログの世界では単位インパルス関数として高さ無限大の波形を考えたのに，ディジタルの世界では急に高さ 1 になってしまったことに驚く人もあるかもしれないが，これはごくまっとうなことである．単位インパルス関数の特徴は，高さが無限大だが幅も無限に小さいので，t 軸との間で挟まれる面積（つまり"たんざく"の面積の総和）が有限になることだった．ディジタルの世界では，常に有限の幅の"たんざく"を念頭に置くので，高さも有限に収まるわけだ．ディジタルの世界では，単位インパルスの高さを 1 と置く決まりになっている．

そこで，z 変換の定義式（2.13）に，式（2.35）を代入すれば，

$$Z[x_k] = X(z) = 1 + 0 \cdot z^{-1} + 0 \cdot z^{-2} + 0 \cdot z^{-3} + \cdots = 1 \tag{2.36}$$

と計算される．つまり，単位インパルス関数 $\{\delta_k\}_{k=0}^{k=\infty}$ の z 変換対は，

$$\delta_k \Leftrightarrow 1 \tag{2.37}$$

となり，ラプラス変換の結果［式（2.34）］と同じになる．

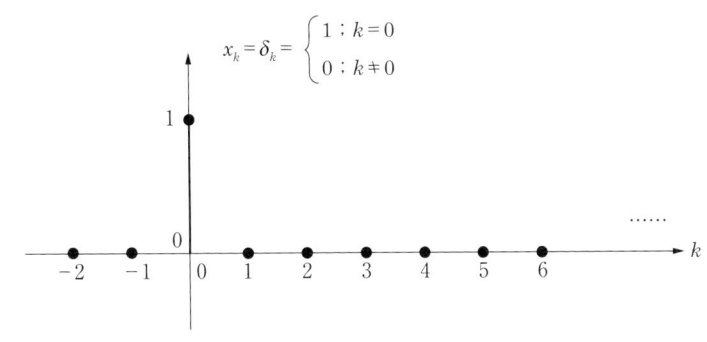

図 2.12　ディジタルの単位インパルス関数 $\{\delta_k = \delta(k\Delta t)\}_{k=-\infty}^{k=\infty}$

2-5 指数関数

続いて，図 2.13 に示す過渡応答などで頻出の指数関数 $e^{\lambda t}u(t)$,

$$x(t) = e^{\lambda t}u(t) = \begin{cases} e^{\lambda t} & ;t \geq 0 \\ 0 & ;t < 0 \end{cases} \quad ; \lambda \text{ は複素数} \quad (2.38)$$

のラプラス変換と z 変換を求めてみよう．

ラプラス変換

ラプラス変換の定義に基づき，式 (2.1) の積分を計算すると，

$$\mathcal{L}[x(t)] = X(s) = \int_0^\infty e^{\lambda t}e^{-st}dt = \int_0^\infty e^{-(s-\lambda)t}dt \quad (2.39)$$

となる．ここで，$\mathfrak{Re}(s-\lambda) > 0$ が成立し，式 (2.18) の s が $s-\lambda$ に置き換わっていることに注意すれば，式 (2.19) の計算と同様にして，ラプラス変換対は次のように表される．

$$e^{\lambda t}u(t) \quad \Leftrightarrow \quad \frac{1}{s-\lambda} \quad (2.40)$$

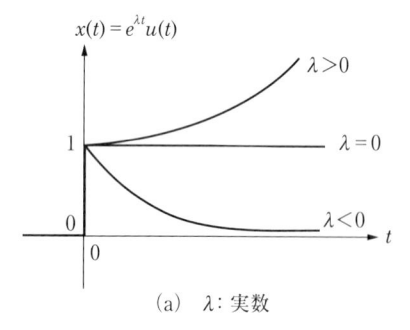

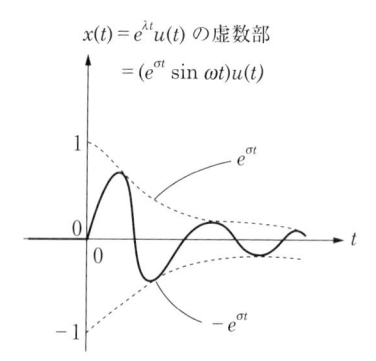

(a) λ: 実数

(b) λ: 複素数 ($\lambda = \sigma + j\omega$)

図 2.13　アナログの指数関数 $e^{\lambda t}u(t)$

z変換

指数関数のディジタル信号は，図 2.14 のように式 (2.38) のサンプル値系列 $\{x_k = x(k\Delta t)\}_{k=0}^{k=\infty}$ で，$e^{\lambda \Delta t} = \gamma$ とおいて，

$$x_k = \begin{cases} \gamma^k & ; k \geq 0 \\ 0 & ; k < 0 \end{cases} \tag{2.41}$$

と表される．そこで，z 変換の定義式 (2.13) に式 (2.41) を代入すれば，

$$\begin{aligned} Z[x_k] = X(z) &= 1 + \gamma z^{-1} + \gamma^2 z^{-2} + \gamma^3 z^{-3} + \cdots \\ &= 1 + \gamma z^{-1} + (\gamma z^{-1})^2 + (\gamma z^{-1})^3 + \cdots \end{aligned} \tag{2.42}$$

と表される．よって，式 (2.24) の等比級数（公比 $\alpha = \gamma z^{-1}$）の無限項の総和公式を適用することにより，

$$X(z) = \frac{1}{1 - \gamma z^{-1}} \tag{2.43}$$

と計算される．つまり，指数関数 $\{\gamma^k u_k\}_{k=-\infty}^{k=\infty}$ の z 変換対は，

$$\gamma^k u_k = \begin{cases} \gamma^k & ; k \geq 0 \\ 0 & ; k < 0 \end{cases} \Leftrightarrow \frac{1}{1 - \gamma z^{-1}} \tag{2.44}$$

となる．なお，$\gamma = 1$ の場合は単位ステップ関数 [式 (2.31)] に一致する．

(a) γ: 実数

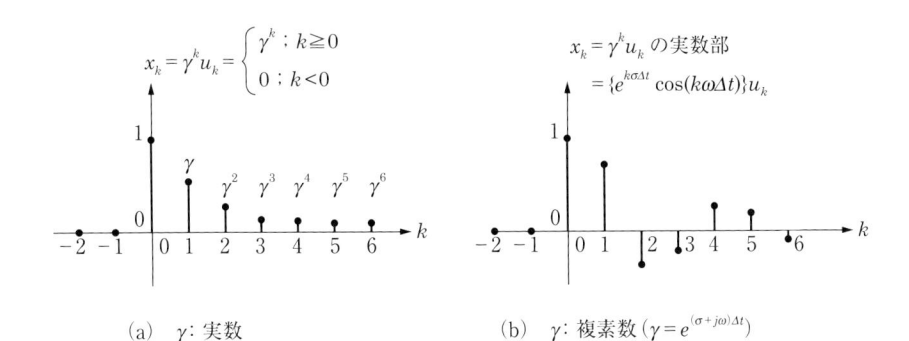

(b) γ: 複素数 ($\gamma = e^{(\sigma + j\omega)\Delta t}$)

図 2.14　ディジタルの指数関数 $\{x_k = \gamma^k u_k\}_{k=-\infty}^{k=\infty}$

2-6 時間軸（t軸）上で関数をずらすと……

いま，ある関数として，

$$x(t)u(t) = \begin{cases} x(t) & ; t \geq 0 \\ 0 & ; t < 0 \end{cases} \qquad (2.45)$$

を考え，図 2.15 に示すように t 軸上で t_0（>0）だけ右にずらした（平行移動した）関数を $g(t)$ とする．このように時間のずれた信号は頻繁に現れるし，複数の波形を時間をずらして足したり引いたりすることで，いろいろな複雑な波形を作れるので，この「関数ずらし（変数 t に $t-t_0$ を代入）」は非常に有用なのである．では，さっそく，

$$g(t) = x(t-t_0)u(t-t_0) \qquad (2.46)$$

のラプラス変換と z 変換を求めてみよう．

ラプラス変換

式（2.46）の関数ずらしに対する式（2.1）のラプラス変換は，

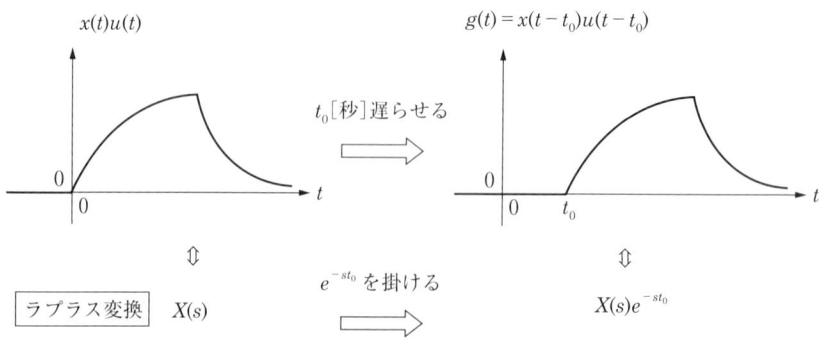

図 2.15 時間をずらしたアナログ信号

$$\mathcal{L}[g(t)] = G(s) = \int_0^\infty g(t)e^{-st}\,dt$$
$$= \int_0^\infty x(t-t_0)u(t-t_0)e^{-st}\,dt \tag{2.47}$$

と表される．このとき，$t<t_0$ で $u(t-t_0)=0$ であることを考慮すると，式（2.47）の右辺の積分範囲は $t_0 \sim \infty$ に等しい．そこで，$\tau = t - t_0$ の変数変換をすると，τ の積分範囲は $0 \sim \infty$ になるので，以下のように計算される．

$$G(s) = \int_{t_0}^\infty x(t-t_0)u(t-t_0)e^{-st}\,dt$$
$$= \int_0^\infty x(\tau)u(\tau)e^{-s(\tau+t_0)}\,d\tau \quad (\because\ t = \tau + t_0\ \text{を代入})$$
$$= e^{-st_0}\int_0^\infty x(\tau)u(\tau)e^{-s\tau}\,d\tau$$
$$= e^{-st_0}\int_0^\infty x(\tau)e^{-s\tau}\,d\tau \quad \left(\because\ u(\tau) = \begin{cases} 1 & ;\tau \geq 0 \\ 0 & ;\tau < 0 \end{cases}\right)$$

よって，式（2.1）より $\int_0^\infty x(\tau)e^{-s\tau}\,d\tau = X(s)$ であることから，最終的に次式が得られる．

$$\mathcal{L}[g(t)] = G(s) = e^{-st_0}X(s) \tag{2.48}$$

以上の結果から，t_0 だけずらすという t 領域での処理は，ラプラス変換の領域では，**ずらす前のもとの関数 $x(t)$ のラプラス変換 $X(s)$ に e^{-st_0} を掛けたもの**に相当することがわかる．つまり，t 軸上における関数の移動（変数 t の代わりに $t-t_0$ を代入すること）に対するラプラス変換対は次のようになる．

$$t \to t-t_0 \quad \Leftrightarrow \quad e^{-st_0}\ \text{を掛ける} \tag{2.49}$$

z 変換

t 軸上で $t_0 = m\Delta t$ だけ右にずらした（平行移動した）関数 $g(t)$ を図 2.16 のように，ディジタル信号 $\{g_k = g(k\Delta t)\}_{k=0}^{k=\infty}$ と見なせば，

53

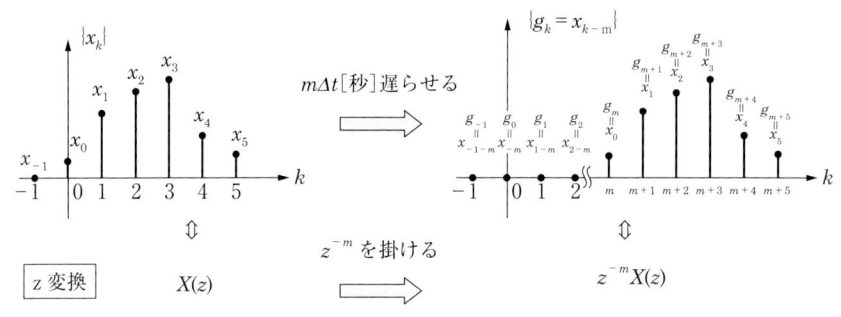

図 2.16　時間をずらしたディジタル信号

$$g_k = \begin{cases} x_{k-m} & ; k \geqq m \\ 0 & ; k < m \end{cases} \quad (2.50)$$

と表される．そこで，z 変換の定義式（2.13）に式（2.50）を代入すれば，

$$\begin{aligned}Z[g_k] = G(z) &= x_0 z^{-m} + x_1 z^{-(m+1)} + x_2 z^{-(m+2)} + x_3 z^{-(m+3)} + \cdots \\ &= z^{-m}\{x_0 + x_1 z^{-1} + x_2 z^{-2} + x_3 z^{-3} + \cdots\}\end{aligned} \quad (2.51)$$

となる．よって，式（2.13）より $X(z) = \sum_{k=0}^{\infty} x_k z^{-k}$ であることから，最終的に次式が得られる．

$$Z[g_k] = G(z) = z^{-m} X(z) \quad (2.52)$$

このように，t 軸上で $t_0 = m\Delta t$ だけ右にずらした関数の z 変換は，**ずらす前の関数の z 変換** $X(z)$ **に** z^{-m} **を掛けたもの**に等しいことが理解される．

したがって，t 軸上における関数の移動（変数 k の代わりに $k-m$ を代入することに相当）に対する z 変換対は次のようになる．

$$k \to k-m \quad \Leftrightarrow \quad z^{-m} \text{を掛ける} \quad (2.53)$$

この関係は，ディジタル・システムの伝達関数を求めるときに，しばしば登場するものであり，ディジタル信号の遅延を意味する．

第3章 ラプラス変換とz変換の基本的な定理と物理的意味を知ろう

　本章では，ラプラス変換とz変換のもつ線形性という性質を説明したあと，「ラプラス変換はアナログ信号全体，z変換はディジタル信号全体を表す」という物理的意味について解説する．

　次に，ラプラス変換とz変換で成立するいくつかの重要な定理を紹介する．これらは，より複雑な関数をラプラス変換したり，あるいはz変換したり，さらには第4章以降で述べる応用問題を解くときに基本となるので，しっかりと理解していただきたい．

3-1 関数の大きさを変えて，加えると…

まず，ラプラス変換あるいは z 変換をブラック・ボックス化して，図 3.1 で表すことを考えたとき，表関数（アナログ信号あるいはディジタル信号）が 2 倍，3 倍になると，裏関数（表関数をラプラス変換あるいは z 変換したもの）も 2 倍，3 倍になる．つまり，表関数が変化すると，それに比例して裏関数も変化することを**線形性**と呼んでいる．

[ラプラス変換]

いま，2 つのアナログ信号 $g(t)$，$h(t)$ があって，それぞれのラプラス変換を，

$$\begin{cases} \mathcal{L}[g(t)] = G(s) = \int_0^\infty g(t)e^{-st}dt \\ \mathcal{L}[h(t)] = H(s) = \int_0^\infty h(t)e^{-st}dt \end{cases}$$

であるとすると，2 つの関数を定数倍・加算した合成信号 $x(t)$ は，

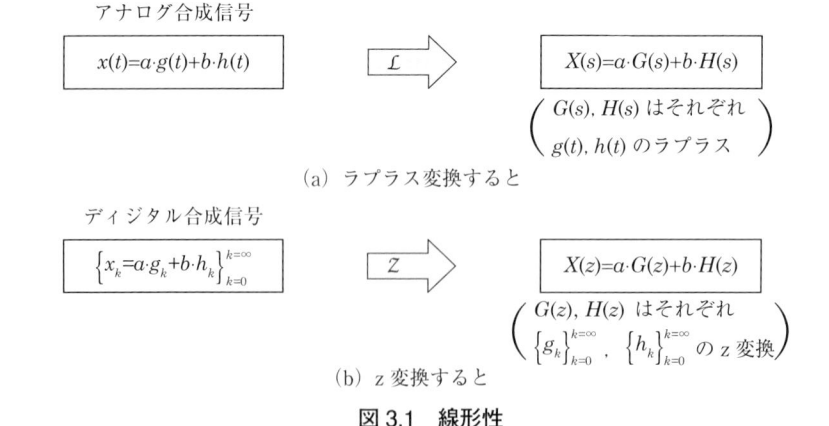

アナログ合成信号

$x(t) = a \cdot g(t) + b \cdot h(t)$ $\xRightarrow{\mathcal{L}}$ $X(s) = a \cdot G(s) + b \cdot H(s)$

($G(s)$, $H(s)$ はそれぞれ $g(t)$, $h(t)$ のラプラス)

(a) ラプラス変換すると

ディジタル合成信号

$\{x_k = a \cdot g_k + b \cdot h_k\}_{k=0}^{k=\infty}$ $\xRightarrow{Z}$ $X(z) = a \cdot G(z) + b \cdot H(z)$

($G(z)$, $H(z)$ はそれぞれ $\{g_k\}_{k=0}^{k=\infty}$, $\{h_k\}_{k=0}^{k=\infty}$ の z 変換)

(b) z 変換すると

図 3.1　線形性

$$x(t) = a \cdot g(t) + b \cdot h(t) \quad ; a,\ b\text{ は定数} \tag{3.2}$$

と表され，そのラプラス変換は，

$$\begin{aligned}
\mathcal{L}[a \cdot g(t) + b \cdot h(t)] &= \int_0^\infty \left\{ a \cdot g(t) + b \cdot h(t) \right\} e^{-st} dt \\
&= \int_0^\infty \left\{ a \cdot g(t) e^{-st} + b \cdot h(t) e^{-st} \right\} dt \\
&= a \int_0^\infty g(t) e^{-st} dt + b \int_0^\infty h(t) e^{-st} dt \\
&= a \mathcal{L}[g(t)] + b \mathcal{L}[h(t)] \\
&= a \cdot G(s) + b \cdot H(s)
\end{aligned}$$

となるので，重み付け和 $[a \cdot g(t) + b \cdot h(t)]$ のラプラス変換対として，

$$a \cdot g(t) + b \cdot h(t) \iff a \cdot G(s) + b \cdot H(s) \tag{3.3}$$

で表される関係（**線形性**）が成立する．この線形性という性質はラプラス変換表を適用して，裏関数から表関数のアナログ信号を求める際に欠かせないものである．

z 変換

ラプラス変換と同様に，2つのディジタル信号 $\{g_k = g(k\Delta t)\}_{k=0}^{k=\infty}$，$\{h_k = h(k\Delta t)\}_{k=0}^{k=\infty}$ があって，それぞれの z 変換を，

$$\begin{cases} Z[g_k] = G(z) = \sum_{k=0}^\infty g_k z^{-k} \\ Z[h_k] = H(z) = \sum_{k=0}^\infty h_k z^{-k} \end{cases}$$

であるとすると，2つの関数を定数倍して加算（これを「重み付け和」という）したディジタル信号 $\{x_k\}_{k=0}^{k=\infty}$ は，

$$x_k = a \cdot g_k + b \cdot h_k \quad ; a,\ b\text{ は定数} \tag{3.5}$$

と表され，その z 変換は，

$$\begin{aligned}
Z[a \cdot g_k + b \cdot h_k] &= \sum_{k=0}^{\infty} \left\{ a \cdot g_k + b \cdot h_k \right\} z^{-k} \\
&= \sum_{k=0}^{\infty} \left\{ a \cdot g_k z^{-k} + b \cdot h_k z^{-k} \right\} \\
&= a \sum_{k=0}^{\infty} g_k z^{-k} + b \sum_{k=0}^{\infty} h_k z^{-k} \\
&= a Z[g_k] + b Z[h_k] \\
&= a \cdot G(z) + b \cdot H(z)
\end{aligned}$$

となるので，重み付け和 $\{a \cdot g_k + b \cdot h_k\}_{k=0}^{k=\infty}$ の z 変換対として，

$$a \cdot g_k + b \cdot h_k \quad \Leftrightarrow \quad a \cdot G(z) + b \cdot H(z) \tag{3.6}$$

で表される関係（線形性）が成立する．z 変換においてもラプラス変換と同じように，この線形性が成立することが z 変換表を適用して裏関数から表関数のディジタル信号を求める際に有用である．

3-2 ラプラス変換で見えてくる"アナログ信号"

それでは，変数 t が時間変数を表すとし，アナログ信号 x(t) のラプラス変換 X(s) から，これまでの基本的なラプラス変換対（**表 3.1**）によって，いろいろな形状のアナログ信号の時間的な変化が読み取れることを体験していただこう．

まず，**表 3.1** のラプラス変換表を利用して，波形の形状を読み取ってグラフ化するためのミソが，「ラプラス変換表が利用できるような数式表現を導き出すための式変形プロセス」にあることを体験してみよう．数式とは物理現象を述べるための外国語のようなものであり，いわば，それを日本語へ翻訳するわけだ．ラプラス変換の持つ物理的意味を感じ取ってもらいたい．

表3.1 代表的なアナログ信号のラプラス変換による表現

アナログ信号 $x(t)$	⇔	ラプラス変換 $X(s)$	
単位ステップ関数 $u(t) = \begin{cases} 1 & ;t \geqq 0 \\ 0 & ;t < 0 \end{cases}$	⇔	$\dfrac{1}{s}$	(3.7)
単位インパルス関数 $\delta(t) = \begin{cases} 1 & ;t = 0 \\ 0 & ;t \neq 0 \end{cases}$	⇔	1	(3.8)
指数関数 $e^{\lambda t}u(t) = \begin{cases} e^{\lambda t} & ;t \geqq 0 \\ 0 & ;t < 0 \end{cases}$	⇔	$\dfrac{1}{s-\lambda}$	(3.9)
時間推移 $x(t-t_0)u(t-t_0)$	⇔	$e^{-st_0}X(s)$	(3.10)
［変数 t の代わりに $t-t_0$ を代入］		［e^{-st_0} を掛ける］	

ナットクの例題 3-1

次のラプラス変換で表されるアナログ信号 $x(t)$ のグラフを示せ．

① $\dfrac{5}{s}(1-e^{-3s})$　② $\dfrac{1}{s(1-e^{-s})}$　③ $2+4e^{-3s}-5e^{-4s}$

[答えはこちら→]

いずれも，変換表（表3.1）を利用して，逆ラプラス変換すればよい．
① 2つの項に分けて，

$$X(s) = \frac{5}{s} - \frac{5}{s}e^{-3s}$$

となるので，数式を翻訳する（各項を日本語の文章で表す）．右辺の第1項は，ラプラス変換表［式（3.7）］より，

$$\frac{5}{s} = 5 \times \frac{1}{s} \Leftrightarrow 5u(t) \tag{3.11}$$

であるから，大きさ5のステップ関数となる．また，第2項の $\dfrac{5}{s}$ は $5u(t)$ を表し，さらに e^{-3s} が掛けてあるので時間推移［式（3.10）］を適用することにより，変数 t を $t-3$ で置き換えると $5u(t)$ が 3［秒］だけ遅れた（右に平行移動した）関数 $5u(t-3)$ となる．

よって，アナログ信号 $x(t)$ は，

$$x(t) = 5u(t) - 5u(t-3) \tag{3.12}$$

であり，$u(t) = \begin{cases} 1 & ; t \geq 0 \\ 0 & ; t < 0 \end{cases}$ と $u(t-3) = \begin{cases} 1 & ; t-3 \geq 0 \\ 0 & ; t-3 < 0 \end{cases}$ を考慮すれば，

$$x(t) = \begin{cases} 0 & ; t < 0 \\ 5 & ; 0 \leq t < 3 \\ 0 & ; 3 < t \end{cases} \tag{3.13}$$

と場合分けできるので，図 3.2 の方形波が得られる．

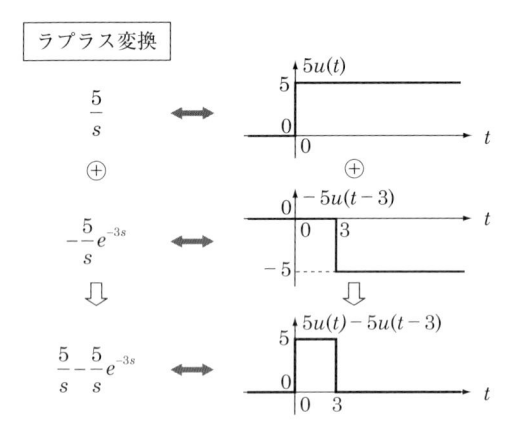

図 3.2　パルス波形の単位ステップ関数による合成（アナログ信号）

② 表 3.1 のラプラス変換表は適用できそうにないと思われるかもしれないが，実は式（2.24）の等比級数（公比 $\alpha = e^{-s}$）と見なせば，

$$\frac{1}{s(1-e^{-s})} = \frac{1}{s}(1 + e^{-s} + e^{-2s} + \cdots)$$
$$= \frac{1}{s} + \frac{1}{s}e^{-s} + \frac{1}{s}e^{-2s} + \cdots$$

と表される．そこで，単位ステップ関数と時間推移のラプラス変換対［式（3.7），式（3.10）］を適用すると，アナログ信号 $x(t)$ は，

$$x(t) = u(t) + u(t-1) + u(t-2) + \cdots \tag{3.14}$$

となり，金刀比羅宮の石段のような階段状波形が見えてくる（図 3.3）．

60

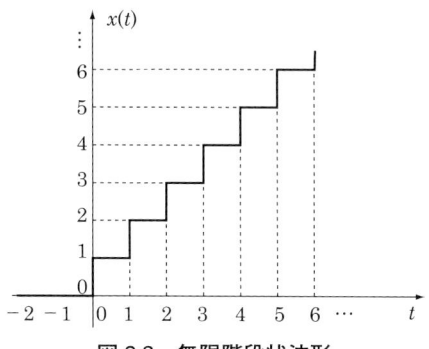

図 3.3 無限階段状波形

③ これは,簡単ですネ.単位インパルス関数と時間推移のラプラス変換対[式 (3.8),式 (3.10)] を適用すると,アナログ信号 $x(t)$ は,

$$x(t) = 2\delta(t) + 4\delta(t-3) - 5\delta(t-4) \tag{3.15}$$

となり,ディジタル信号 $\{x_k\}_{k=0}^{k=\infty}$,すなわち,

$$x_k = \begin{cases} 0 & ; k < 0,\ k = 1,\ k = 2,\ k > 4 \\ 2 & ; k = 0 \\ 4 & ; k = 3 \\ -5 & ; k = 4 \end{cases} \tag{3.16}$$

のアナログ的な表現が得られる(**図 3.4**).

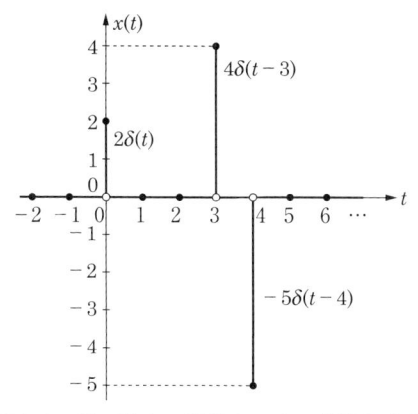

図 3.4 ディジタル信号のアナログ的な表現

61

図 3.5　位相遅れと位相進み

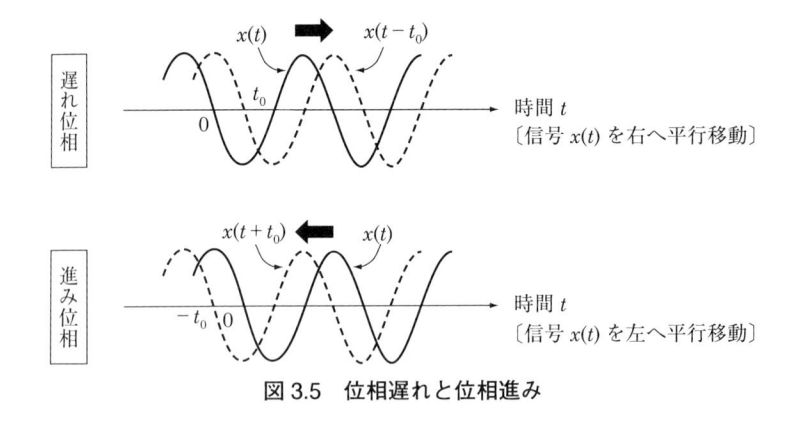

　一般に，$t_0 > 0$ として，あるアナログ波形 $x(t)$ の変数 t を $(t-t_0)$ に置き換えると，t_0[秒] だけ右に平行移動してずらした（遅れた）信号，変数 t を $(t+t_0)$ に置き換えると，t_0[秒] だけ左に平行移動してずらした（進んだ）信号を表すことになる（図 3.5）．つまり，

「$(-t_0)$ でマイナス（負）のとき，右に平行移動で "**位相遅れ**"」
「$(+t_0)$ でプラス（正）のとき，左に平行移動で "**位相進み**"」

と呼ばれる．「マイナスは遅れ／プラスは進み」と覚えておこう．

3-3　z 変換で見えてくる "ディジタル信号"

　こんどは z 変換である．いま，Δt をサンプリング間隔 T[秒] と表すことにすれば，図 3.6 のように，サンプリング周波数 $f_T = 1/T$[Hz] のディジタル信号 $\{x_k = x(kT)\}_{k=-\infty}^{k=\infty}$ となる．

　さて，ディジタル信号 $\{x_k\}_{k=-\infty}^{k=\infty}$ の z 変換 $X(z)$ から，これまでの基本的な z 変換対（表 3.2）によって，いろいろな形状のディジタル信号が見えてくることを実感してもらおう．

　それでは，表 3.2 の z 変換表に基づき，波形の形状を読み取ってグラフ化するためのミソが，「z 変換表が利用できるような数式表現を導き出す

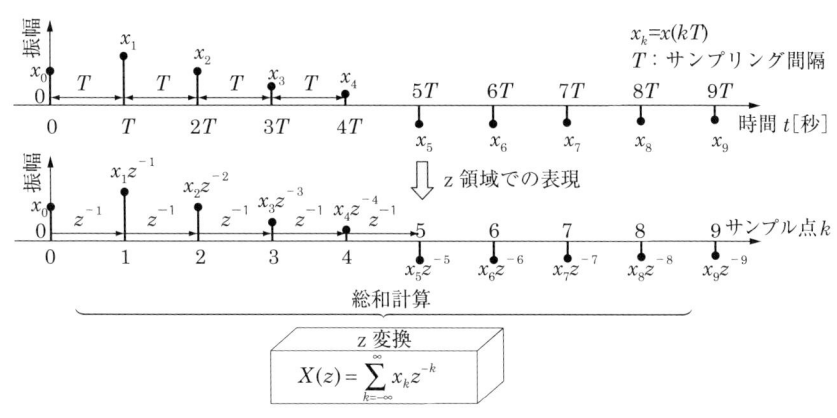

図 3.6　サンプリングとディジタル信号の表現

表 3.2　代表的なディジタル信号の z 変換による表現

ディジタル信号 $\{x_k\}_{k=-\infty}^{k=\infty}$	⇔	z 変換 $X(z)$	
単位ステップ関数 $u_k = \begin{cases} 1 & ; k \geq 0 \\ 0 & ; k < 0 \end{cases}$	⇔	$\dfrac{1}{1-z^{-1}}$	(3.17)
単位インパルス関数 $\delta_k = \begin{cases} 1 & ; k = 0 \\ 0 & ; k \neq 0 \end{cases}$	⇔	1	(3.18)
指数関数 $\gamma^k u_k = \begin{cases} \gamma^k & ; k \geq 0 \\ 0 & ; k < 0 \end{cases}$	⇔	$\dfrac{1}{1-\gamma z^{-1}}$	(3.19)
時間推移 $x_{k-m} u_{k-m} = \begin{cases} x_{k-m} & ; k \geq m \\ 0 & ; k < m \end{cases}$	⇔	$z^{-m} X(z)$	(3.20)
［変数 k の代わりに $k-m$ を代入］		［z^{-m} を掛ける］	

ための式変形プロセス」にあることを紹介する．ラプラス変換の説明と同様に，これも，先ほどと同様，外国語のような z 変換の数式から日本語へ翻訳していると思っていただければよい．z 変換の持つ物理的意味も，同時に習得していただきたい．

ナットクの例題 3-2

次の z 変換で表されるディジタル信号 $\{x_k\}_{k=-\infty}^{k=\infty}$ のグラフを示せ．ただし，サンプリング間隔を $T = 0.1$［秒］とする．

① $\dfrac{5}{1-z^{-1}}(1-z^{-3})$ ② $\dfrac{3}{1+z^{-2}}$ ③ $\dfrac{3z^{-4}}{1-0.5z^{-1}}+\dfrac{9z^{-8}}{1+0.7z^{-1}}$

[答えはこちら→]

いずれも，変換表を利用して，逆 z 変換すればよい．

① 2つの項に分けて，

$$X(z) = \frac{5}{1-z^{-1}} - \frac{5}{1-z^{-1}}z^{-3}$$

となるので，数式を翻訳する（各項を日本語文章で表す）．右辺の第 1 項は，z 変換表［式 (3.17)］より，

$$\frac{5}{1-z^{-1}} = 5 \times \frac{1}{1-z^{-1}} \iff 5u_k \tag{3.21}$$

であるから，大きさ 5 のステップ関数となる．また，第 2 項の $\dfrac{5}{1-z^{-1}}$ は $5u_k$ を表し，さらに z^{-3} が掛けてあるので時間推移［式 (3.20)］を適用することにより，変数 k を $k-3$ で置き換えると $5u_k$ が 3 サンプルだけ遅れた（右に平行移動した）関数 $5u_{k-3}$ となる．

よって，ディジタル信号 $\{x_k\}_{k=-\infty}^{k=\infty}$ は，

$$x_k = 5u_k - 5u_{k-3} \tag{3.22}$$

となるので，$u_k = \begin{cases} 1 & ;k \geq 0 \\ 0 & ;k < 0 \end{cases}$ と $u_{k-3} = \begin{cases} 1 & ;k \geq 3 \\ 0 & ;k < 3 \end{cases}$ を考慮することにより，

$$x_k = 5u_k - 5u_{k-3} = \begin{cases} 0 & ;k < 0 \\ 5 & ;0 \leq k < 3 \\ 0 & ;3 < k \end{cases} \tag{3.23}$$

と場合分けできるので，図 3.7 の方形波が得られる．

② 式 (2.24) の等比級数（公比 $\alpha = -z^{-2}$）と見なせば，

$$\frac{3}{1+z^{-2}} = 3 \times (1 - z^{-2} + z^{-4} - z^{-6} + \cdots)$$
$$= 3 - 3z^{-2} + 3z^{-4} - 3z^{-6} + \cdots$$

と表される．したがって，単位インパルス関数と時間推移の z 変換対［式

64

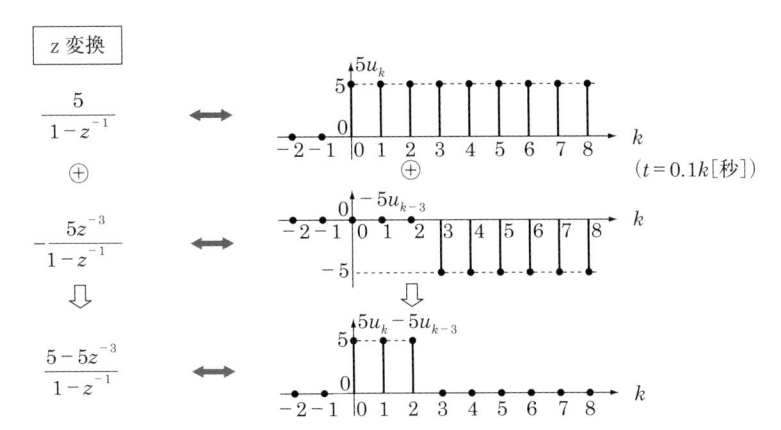

図3.7 パルス波形の単位ステップ関数による合成（ディジタル信号）

z変換

$\dfrac{5}{1-z^{-1}}$

$\oplus$

$-\dfrac{5z^{-3}}{1-z^{-1}}$

$\Downarrow$

$\dfrac{5-5z^{-3}}{1-z^{-1}}$

（$t=0.1k$[秒]）

(3.18), 式 (3.20)] を適用すると，ディジタル信号 $\{x_k\}_{k=-\infty}^{k=\infty}$ は，

$$x_k = 3\delta_k - 3\delta_{k-2} + 3\delta_{k-4} - 3\delta_{k-6} + \cdots \tag{3.24}$$

となる（図3.8）．

z変換

$\dfrac{3}{1+z^{-2}}$
$=$
$3-3z^{-2}+3z^{-4}-3z^{-6}+\cdots$

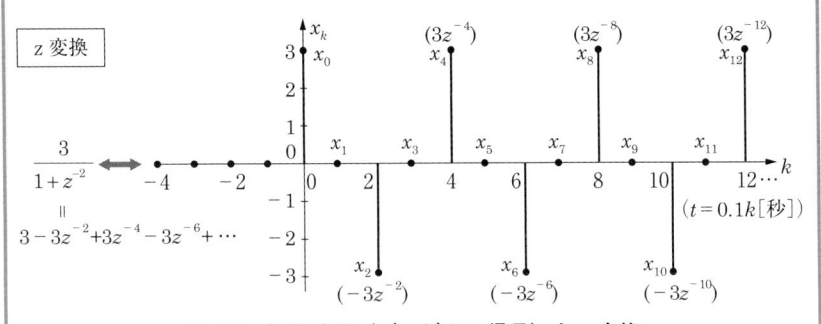

（$t=0.1k$[秒]）

図3.8　振動波形（ディジタル信号）と z 変換

③ まず，4サンプルおよび8サンプルの時間遅れを表す z^{-4}, z^{-8} を除いて，指数関数の z 変換対［式(3.19)］を $\gamma=0.5$ および $\gamma=-0.7$ として適用する．

$$\begin{aligned}\dfrac{3}{1-0.5z^{-1}} &\Leftrightarrow 3\times 0.5^k u_k, \\ \dfrac{9}{1+0.7z^{-1}} &\Leftrightarrow 9\times(-0.7)^k u_k\end{aligned} \tag{3.25}$$

次に，z^{-4}，z^{-8} は時間推移の z 変換対［式（3.20）］より，式（3.25）の変数 k をそれぞれ，

$$k \to k-4 \qquad k \to k-8$$

に置き換えればよいので，最終的にディジタル信号 $\{x_k\}_{k=-\infty}^{k=\infty}$ は，

$$x_k = 3 \times 0.5^{k-4} u_{k-4} + 9 \times (-0.7)^{k-8} u_{k-8} \tag{3.26}$$

ただし，$u_{k-4} = \begin{cases} 1 & ;k \geq 4 \\ 0 & ;k < 4 \end{cases}$，$u_{k-8} = \begin{cases} 1 & ;k \geq 8 \\ 0 & ;k < 8 \end{cases}$

であることから，次のように整理される（図 3.9）．

$$x_k = \begin{cases} 3 \times 0.5^{k-4} + 9 \times (-0.7)^{k-8} & ;k \geq 8 \\ 3 \times 0.5^{k-4} & ;4 \leq k < 8 \\ 0 & ;k < 4 \end{cases} \tag{3.27}$$

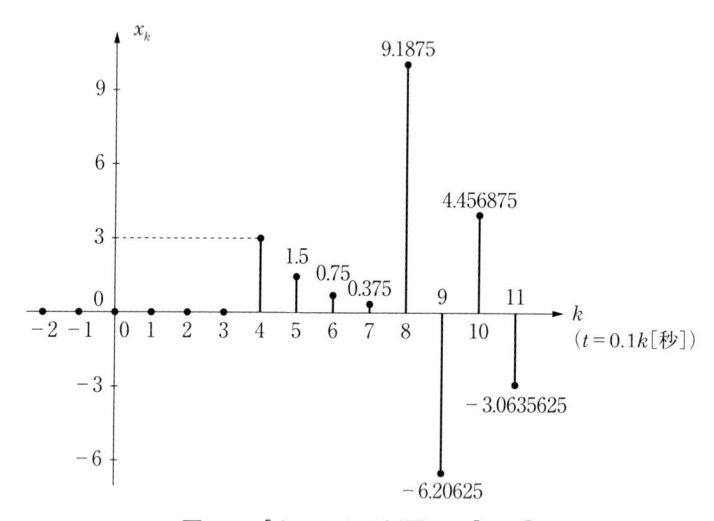

図 3.9 ［ナットクの例題 3-2］の③

3-4 関数を時間（t あるいは k）軸上で微分／積分すると…

ここでは，アナログ信号 $x(t)$ の微分／積分操作に対するラプラス変換，およびディジタル信号 $\{x_k\}_{k=0}^{k=\infty}$ の微分／積分操作の z 変換を求める．

|ラプラス変換|

◆微分操作

アナログ信号 $x(t)$ の t 領域での微分操作が s 領域ではどうなるかを調べてみよう．いま，$x(t) \Leftrightarrow X(s)$ として，

$$g(t) = \frac{dx(t)}{dt} \tag{3.28}$$

とするとき，ラプラス変換の定義より，

$$\mathcal{L}[g(t)] = G(s) = \int_0^\infty g(t)e^{-st}dt = \int_0^\infty \frac{dx(t)}{dt}e^{-st}dt \tag{3.29}$$

である．そこで，式（3.29）の右辺に部分積分の計算公式，すなわち，

$$\int \frac{dp(t)}{dt}q(t)dt = [p(t)q(t)] - \int p(t)\frac{dq(t)}{dt}dt \tag{3.30}$$

において，$p(t) = x(t)$，$q(t) = e^{-st}$ と置けば $\frac{dq(t)}{dt} = -se^{-st}$ であり，

$$\begin{aligned}\int_0^\infty \frac{dx(t)}{dt}e^{-st}dt &= [x(t)e^{-st}]_{t=0}^{t=\infty} - \int_0^\infty x(t)(-se^{-st})dt \\ &= \lim_{t \to \infty}\{x(t)e^{-st}\} - x(0) + s\underbrace{\int_0^\infty x(t)e^{-st}dt}_{X(s)}\end{aligned} \tag{3.31}$$

となる．$\mathfrak{Re}(s)>0$ ならば，式（3.31）の第 1 項については，$\lim_{t\to\infty}\{x(t)e^{-st}\}=0$ である（p. 43 参照）．よって，式（3.29）と式（3.31）より，1 階微分のラプラス変換対として，

$$\frac{dx(t)}{dt} \Leftrightarrow sX(s)-x(0) \qquad (3.32)$$

の関係が得られることになる．この関係式は，t 領域での微分操作が s 領域では単に s を掛ける操作になることを示している．つまり，

ラプラス変換の変数 s は，微分を意味する

のだと結論づけられる．

次に，2 階微分として，

$$h(t)=\frac{d^2x(t)}{dt^2}=\frac{dg(t)}{dt} \quad ; g(t)=\frac{dx(t)}{dt} \qquad (3.33)$$

のラプラス変換を考えてみよう．そこで，$x(t) \Leftrightarrow X(s)$，$g(t) \Leftrightarrow G(s)$，$h(t) \Leftrightarrow H(s)$ とすると，式（3.32）から，

$$\begin{cases} G(s)=sX(s)-x(0) \\ H(s)=sG(s)-g(0) \\ \text{ただし，}\quad g(0)=\left.\frac{dx(t)}{dt}\right|_{t=0}=x^{(1)}(0) \quad (t=0 \text{ における 1 階微分値}) \end{cases}$$

の関係が成立する．$G(s)$ を消去して $H(s)$ を求めると，

$$H(s)=s\{sX(s)-x(0)\}-g(0)=s^2X(s)-sx(0)-g(0) \qquad (3.34)$$

となるので，2 階微分 $\dfrac{d^2x(t)}{dt^2}$ を $x^{(2)}(t)$ と表すことにすれば，そのラプラス変換対は，

$$x^{(2)}(t) \Leftrightarrow s^2X(s)-sx(0)-x^{(1)}(0) \qquad (3.35)$$

となる．すなわち，t 領域での 2 階微分が s 領域では s^2 を掛ける操作になる．そして初期値として $x(0)$ および $t=0$ における 1 階微分値 $x^{(1)}(0)$ が入っ

てくることもわかる.

　以上より, ℓ を正の整数としたとき, ℓ 階微分のラプラス変換対は,

$$x^{(\ell)}(t) \Leftrightarrow s^\ell X(s) - s^{\ell-1}x(0) - s^{\ell-2}x^{(1)}(0) - \cdots - sx^{(\ell-2)}(0) - x^{(\ell-1)}(0) \quad (3.36)$$

であり, **ラプラス変換における微分則**という. ただし,

$$x^{(i)}(0) = \left. \frac{d^\ell x(t)}{dt^\ell} \right|_{t=0} \quad ; i=1,\ 2,\ \cdots,\ \ell-1$$

で $t=0$ における i 階微分値を表す.

◆積分操作

　一方, アナログ信号 $x(t)$ の t 領域での積分操作が, s 領域ではどうなるかである. 積分が微分の逆操作ということから,「微分が s を掛ける」ということなら,「積分は s で割る, すなわち $\frac{1}{s}$ を掛ける」ということになるだろうという予測がつくかもしれない. 果たして, 予測が的中するのか否か, さっそく調べてみよう.

　いま, $x(t) \Leftrightarrow X(s)$ として,

$$g(t) = \int_{-\infty}^{t} x(\tau) d\tau \quad (3.37)$$

とするとき, ラプラス変換の定義より,

$$\mathcal{L}[g(t)] = G(s) = \int_0^\infty g(t)e^{-st} dt = \int_0^\infty \left\{ \int_{-\infty}^t x(\tau) d\tau \right\} e^{-st} dt \quad (3.38)$$

である. そこで, 式 (3.38) の右辺で, 部分積分の計算公式 [式 (3.30)] を使って, $\frac{dp(t)}{dt} = e^{-st}$, $q(t) = \int_{-\infty}^t x(\tau) d\tau$ と置けば $p(t) = \frac{e^{-st}}{-s}$, $\frac{dq(t)}{dt} = x(t)$ であり, $x(-\infty) = 0$ として,

$$\int_0^\infty \left\{ \int_{-\infty}^t x(\tau)d\tau \right\} e^{-st} dt = \left[\frac{e^{-st}}{-s} \cdot \int_{-\infty}^t x(\tau)d\tau \right]_{t=0}^{t=\infty} - \int_0^\infty \frac{e^{-st}}{-s} x(t)dt$$

$$= \lim_{t \to \infty} \left\{ \frac{e^{-st}}{-s} \cdot \int_{-\infty}^t x(\tau)d\tau \right\} - \left(\frac{1}{-s} \cdot \int_{-\infty}^0 x(\tau)d\tau \right) + \frac{1}{s} \underbrace{\int_0^\infty x(t)e^{-st} dt}_{X(s)}$$

$$= \lim_{t \to \infty} \left\{ \frac{e^{-st}}{-s} \cdot \int_{-\infty}^t x(\tau)d\tau \right\} + \left(\frac{1}{s} \cdot \int_{-\infty}^0 x(\tau)d\tau \right) + \frac{1}{s} X(s)$$

(3.39)

となる．$g(t) = \int_{-\infty}^t x(\tau)d\tau$ が有界ならば $\mathfrak{Re}(s) > 0$ で，

$$\lim_{t \to \infty} \left\{ \frac{e^{-st}}{-s} \cdot \int_{-\infty}^t x(\tau)d\tau \right\} = 0 \tag{3.40}$$

である．よって，式 (3.39) と式 (3.40) から，積分操作のラプラス変換対として，

$$\int_{-\infty}^t x(\tau)d\tau \quad \Leftrightarrow \quad \frac{1}{s} X(s) + \frac{\int_{-\infty}^0 x(\tau)d\tau}{s} \tag{3.41}$$

の関係が得られることになるので，先の予想がピタリ的中．この関係式は，t 領域での積分操作が領域では単に $\frac{1}{s}$ を掛ける操作になることを示している．つまり，

ラプラス変換の変数 $\frac{1}{s}$ は，積分を意味する

のだと結論づけられる．

一般に，ℓ（正の整数）に対する ℓ 重積分 $x^{(-\ell)}(t) = \underbrace{\int_{-\infty}^t \int_{-\infty}^t \int_{-\infty}^t \cdots \int_{-\infty}^t}_{\ell \text{個}} x(\tau)(d\tau)^\ell$

のラプラス変換対は，

$$x^{(-\ell)}(t) \quad \Leftrightarrow \quad \frac{1}{s^\ell} X(s) + \frac{x^{(-1)}(0)}{s^\ell} + \frac{x^{(-2)}(0)}{s^{\ell-1}} + \cdots + \frac{x^{(-\ell)}(0)}{s} \tag{3.42}$$

であり，**ラプラス変換における積分則**という．ただし，

$$x^{(-i)}(0) = \underbrace{\int_{-\infty}^0 \int_{-\infty}^0 \int_{-\infty}^0 \cdots \int_{-\infty}^0}_{i\ \text{個}} x(\tau)(d\tau)^i \quad ; \quad i=1,\ 2,\ \cdots,\ \ell$$

で $t = -\infty \sim 0$ の範囲の i 重積分値を表す.

z 変換

◆微分操作

いま，ディジタル信号 $\{x_k\}_{k=0}^{k=\infty}$ の微分としての差分系列 $\{x_k - x_{k-1}\}_{k=0}^{k=\infty}$ に対する z 変換を求めてみよう．z 変換の定義より，$x_k = 0 (k<0)$ として，

$$\begin{aligned}
\mathcal{Z}[x_k - x_{k-1}] &= \sum_{k=0}^{\infty}(x_k - x_{k-1})z^{-k} \\
&= \sum_{k=0}^{\infty} x_k z^{-k} - z^{-1}\sum_{k=1}^{\infty} x_{k-1} z^{-(k-1)} \\
&= (1-z^{-1})X(z) \quad \left(\because \quad X(z) = \sum_{k=0}^{\infty} x_k z^{-k}\right)
\end{aligned} \tag{3.43}$$

と変形できる．よって，差分系列の z 変換対として，

$$x_k - x_{k-1} \quad \Leftrightarrow \quad (1-z^{-1})X(z) \tag{3.44}$$

の関係が成立し，**z 変換における微分則**という．つまり，$(1-z^{-1})$ が微分を表すとみなせる．

また，z 変換 $X(z)$ の変数 z に関する微分を計算すると，

$$\begin{aligned}
\frac{dX(z)}{dz} &= \frac{d}{dz}\left\{\sum_{k=0}^{\infty} x_k z^{-k}\right\} = \sum_{k=0}^{\infty} x_k \left\{\frac{d}{dz}(z^{-k})\right\} \\
&= \sum_{k=0}^{\infty} x_k \left\{-kz^{-(k+1)}\right\} = -z^{-1}\sum_{k=0}^{\infty} kx_k z^{-k}
\end{aligned} \tag{3.45}$$

となり，$\sum_{k=0}^{\infty} kx_k z^{-k}$ が系列 $\{kx_k\}_{k=0}^{k=\infty}$ の z 変換に相当するので，微分の z 変換対が次式で表される．

$$kx_k \quad \Leftrightarrow \quad -z\frac{dX(z)}{dz} \tag{3.46}$$

◆積分操作

次に，ディジタル信号 $\{x_k\}_{k=0}^{k=\infty}$ の積分としての部分和系列 $\left\{\sum_{n=0}^{k} x_n\right\}_{k=0}^{k=\infty}$ に対する z 変換を求めてみよう．z 変換の定義より，

$$\mathcal{Z}\left[\sum_{n=0}^{k} x_n\right] = x_0 + (x_0 + x_1) z^{-1} + (x_0 + x_1 + x_2) z^{-2}$$
$$+ (x_0 + x_1 + x_2 + x_3) z^{-3} + \cdots$$
$$= (1 + z^{-1} + z^{-2} + z^{-3} + \cdots)\sum_{n=0}^{\infty} x_n z^{-n} = \frac{1}{1-z^{-1}} X(z)$$

となるので，部分和系列の z 変換対として，

$$\sum_{n=0}^{k} x_n \Leftrightarrow \frac{1}{1-z^{-1}} X(z) \tag{3.47}$$

の関係が成立し，**z 変換における積分則**という．ここで，$\dfrac{1}{1-z^{-1}}$ は微分を意味する $(1-z^{-1})$ の逆数なので積分を表すことも理解される．

3–5 cos 関数，sin 関数

これまでは，ラプラス変換と z 変換の物理的意味および基本定理を説明してきたが，少し複雑な関数（アナログ信号，ディジタル信号に相当）の変換計算における基本定理の活用法を取り上げることにする．

いま，複素関数 $x(t)$ を実数部 $\mathfrak{Re}\{x(t)\}$ と虚数部 $\mathfrak{Im}\{x(t)\}$ に分解して，

$$x(t) = \mathfrak{Re}\{x(t)\} + j\mathfrak{Im}\{x(t)\} \tag{3.48}$$

表されるとしよう．このとき，複素関数 $x(t)$ のラプラス変換は，

$$\mathcal{L}[x(t)] = \mathcal{L}[\mathfrak{Re}\{x(t)\}] + j\mathcal{L}[\mathfrak{Im}\{x(t)\}]$$

となるので，線形性が成立して，

$$\begin{cases} \mathfrak{Re}\{x(t)\} & \Leftrightarrow \quad \mathfrak{Re}\{X(s)\} \\ \mathfrak{Im}\{x(t)\} & \Leftrightarrow \quad \mathfrak{Im}\{X(s)\} \end{cases} \tag{3.49}$$

というラプラス変換対の関係が得られる．つまり，複素関数 $x(t)$ の実数部，虚数部のラプラス変換がそれぞれ，ラプラス変換 $X(s)$ の実数部，虚数部に対応づけられることになる．もちろん，z 変換でも同様に，

$$\begin{cases} \mathfrak{Re}\{x_k\} & \Leftrightarrow \quad \mathfrak{Re}\{X(z)\} \\ \mathfrak{Im}\{x_k\} & \Leftrightarrow \quad \mathfrak{Im}\{X(z)\} \end{cases} \tag{3.50}$$

の関係が成立する．

それでは，cos 関数と sin 関数の変換対を求めてみよう．計算の基本は，**オイラーの公式**，すなわち，

$$e^{j\theta} = \cos\theta + j\sin\theta \tag{3.51}$$

にあり，cos 関数と sin 関数がそれぞれ複素指数関数 $e^{j\theta}$ の実数部 $\mathfrak{Re}(e^{j\theta})$ と虚数部 $\mathfrak{Im}(e^{j\theta})$ に相当することを活用するのである．

ラプラス変換

いま，周波数 f [Hz] の複素指数関数 $x(t)$ として，角周波数 $\omega = 2\pi f$ [rad/秒] に対し $\theta = \omega t$ をオイラーの公式［式（3.51）］に代入すれば，

$$x(t) = e^{j\omega t}u(t) = \begin{cases} \cos(\omega t) + j\sin(\omega t) & ; t \geq 0 \\ 0 & ; t < 0 \end{cases}$$

で表される（**図 3.10**）．すなわち，

$$\mathfrak{Re}\{e^{j\omega t}u(t)\} = \cos(\omega t)u(t) = \begin{cases} \cos(\omega t) & ; t \geq 0 \\ 0 & ; t < 0 \end{cases} \tag{3.52}$$

$$\mathfrak{Im}\{e^{j\omega t}u(t)\} = \sin(\omega t)u(t) = \begin{cases} \sin(\omega t) & ; t \geq 0 \\ 0 & ; t < 0 \end{cases} \tag{3.53}$$

となる関係がある．

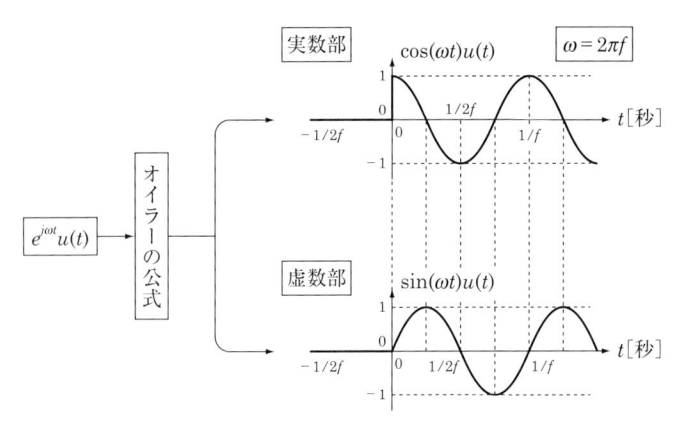

図 3.10　複素指数関数（アナログ信号）

そこで，$\lambda = j\omega$ として表 3.1 の式（3.9）のラプラス変換対を適用すると，

$$e^{j\omega t}u(t) \Leftrightarrow \frac{1}{s - j\omega} \tag{3.54}$$

が得られ，

$$\frac{1}{s - j\omega} = \frac{1}{s - j\omega} \times \frac{s + j\omega}{s + j\omega} = \underbrace{\frac{s}{s^2 + \omega^2}}_{\Re\{X(s)\}} + j\underbrace{\frac{\omega}{s^2 + \omega^2}}_{\Im\{X(s)\}} \tag{3.55}$$

と変形できる．よって，式（3.49）の関係に基づき，cos 関数［式（3.52）］と sin 関数［式（3.53）］のラプラス変換対が次のようになる．

$$\cos(\omega t)u(t) = \begin{cases} \cos(\omega t) & ; t \geq 0 \\ 0 & ; t < 0 \end{cases} \Leftrightarrow \frac{s}{s^2 + \omega^2} \tag{3.56}$$

$$\sin(\omega t)u(t) = \begin{cases} \sin(\omega t) & ; t \geq 0 \\ 0 & ; t < 0 \end{cases} \Leftrightarrow \frac{\omega}{s^2 + \omega^2} \tag{3.57}$$

ナットクの例題 3-3

次のラプラス変換 $X(s)$ をもつ時間波形 $x(t)$ を求めよ．

① $X(s) = \dfrac{3s}{s^2+16}$　② $X(s) = \dfrac{10}{s^2+25}$

③ $X(s) = \dfrac{2s+15}{s^2+9}$　④ $X(s) = \dfrac{2s+12}{s^2-9}$

[答えはこちら→]

① $X(s) = 3 \times \dfrac{s}{s^2+4^2}$ と変形し，$\omega=4$[rad/秒] として式（3.56）を適用すれば，$x(t) = 3\cos(4t)u(t)$ となる．

② $X(s) = 2 \times \dfrac{5}{s^2+5^2}$ と変形し，$\omega=5$[rad/秒] として式（3.57）を適用すれば，$x(t) = 2\sin(5t)u(t)$ となる．

③ $X(s) = 2 \times \dfrac{s}{s^2+3^2} + 5 \times \dfrac{3}{s^2+3^2}$ と変形し，$\omega=3$[rad/秒] として式（3.56）および式（3.57）を適用すれば，$x(t) = \{2\cos(3t) + 5\sin(3t)\}u(t)$ となる．

④ 分母 (s^2-9) が実数係数で $(s+3)(s-3)$ と因数分解できるので，$X(s) = -\dfrac{1}{s+3} + \dfrac{3}{s-3}$ と部分分数分解し，式（3.9）を適用すれば，$x(t) = \{-e^{-3t} + 3e^{3t}\}u(t)$ となる．

z 変換

cos 関数と sin 関数のディジタル信号 $\{x_k\}_{k=-\infty}^{k=\infty}$ は，複素関数 $e^{j\omega t}u(t)$ の T[秒] ごとのサンプル値系列なので，すなわち $t=kT$ を代入して，オイラーの公式を考慮すれば

$$x_k = e^{jk\omega T}u_k = \begin{cases} e^{jk\omega T} = \cos(k\omega T) + j\sin(k\omega T) & ; k \geq 0 \\ 0 & ; k < 0 \end{cases} \quad (3.58)$$

の実数部 $\{\cos(k\omega T)\}_{k=0}^{k=\infty}$ と虚数部 $\{\sin(k\omega T)\}_{k=0}^{k=\infty}$ で与えられる（**図 3.11**）．ただし，サンプリング定理より，$0 \leq \omega < \dfrac{\pi}{T}$（あるいは，$0 \leq f < \dfrac{1}{2T}$）とする．

ラプラス変換の場合と同様に考えて，$\gamma = e^{j\omega T}$ として**表 3.2** の式（3.19）

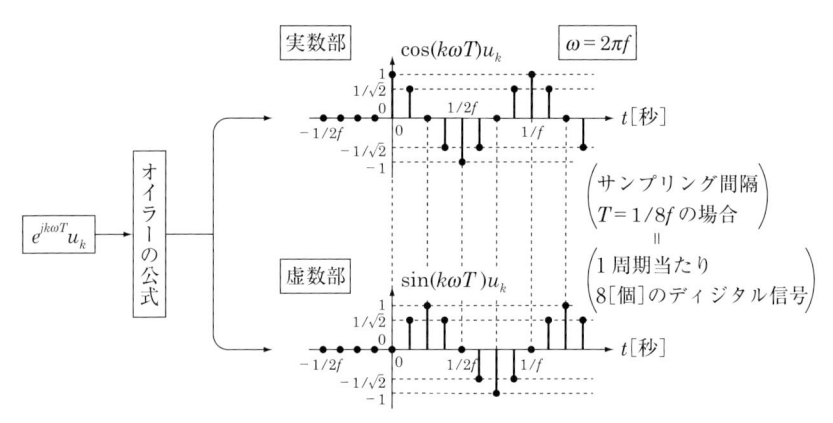

図 3.11　複素指数関数（ディジタル信号）

の z 変換対を適用すると，

$$e^{jk\omega T}u_k \iff \frac{1}{1-e^{j\omega T}z^{-1}} \tag{3.59}$$

が得られ，

$$\begin{aligned}
\frac{1}{1-e^{j\omega T}z^{-1}} &= \frac{1}{1-\{\cos(\omega T)+j\sin(\omega T)\}z^{-1}} \\
&= \frac{1}{\{1-\cos(\omega T)z^{-1}\}-j\sin(\omega T)z^{-1}} \\
&= \frac{1}{\{1-\cos(\omega T)z^{-1}\}-j\sin(\omega T)z^{-1}} \times \frac{\{1-\cos(\omega T)z^{-1}\}+j\sin(\omega T)z^{-1}}{\{1-\cos(\omega T)z^{-1}\}+j\sin(\omega T)z^{-1}} \\
&= \frac{\{1-\cos(\omega T)z^{-1}\}+j\sin(\omega T)z^{-1}}{\{1-\cos(\omega T)z^{-1}\}^2+\{\sin(\omega T)z^{-1}\}^2}
\end{aligned}$$

となる．ここで，上式の分母関数が，

$$\begin{aligned}
\{1-&\cos(\omega T)z^{-1}\}^2+\{\sin(\omega T)z^{-1}\}^2 \\
&= 1-2\cos(\omega T)z^{-1}+\underbrace{\{\cos^2(\omega T)+\sin^2(\omega T)\}}_{1}z^{-2} \\
&= 1-2\cos(\omega T)z^{-1}+z^{-2}
\end{aligned}$$

となり，最終的に，

$$\frac{1}{1-e^{j\omega T}z^{-1}}$$
$$= \underbrace{\frac{1-\cos(\omega T)z^{-1}}{1-2\cos(\omega T)z^{-1}+z^{-2}}}_{\mathfrak{Re}\{\hat{X}(z)\}} + j\underbrace{\frac{\sin(\omega T)z^{-1}}{1-2\cos(\omega T)z^{-1}+z^{-2}}}_{\mathfrak{Im}\{\hat{X}(z)\}} \tag{3.60}$$

と変形できる．よって，式（3.50）の関係に基づき，cos 波と sin 波の z 変換対が次のようになる．

$$\cos(k\omega T)u_k \quad \Leftrightarrow \quad \frac{1-\cos(\omega T)z^{-1}}{1-2\cos(\omega T)z^{-1}+z^{-2}} \tag{3.61}$$

$$\sin(k\omega T)u_k \quad \Leftrightarrow \quad \frac{\sin(\omega T)z^{-1}}{1-2\cos(\omega T)z^{-1}+z^{-2}} \tag{3.62}$$

ナットクの例題 3-4

次の z 変換 $X(z)$ をもつディジタル信号 $\{x_k\}_{k=-\infty}^{k=\infty}$ を求めよ．

① $X(z) = \dfrac{2z^{-1}}{1-\sqrt{3}z^{-1}+z^{-2}}$ ② $X(z) = \dfrac{2-\sqrt{3}z^{-1}}{1-z^{-1}+z^{-2}}$

③ $X(z) = \dfrac{2+\sqrt{2}z^{-1}}{1-\sqrt{2}z^{-1}+z^{-2}}$ ④ $X(z) = \dfrac{5-4.2z^{-1}}{1-1.7z^{-1}+0.72z^{-2}}$

[答えはこちら→]

① 分母関数 $\left(1-\sqrt{3}z^{-1}+z^{-2}\right)$ と式（3.62）の分母関数を見比べると，

$$\cos(\omega T) = \sqrt{3}/2 \text{ および } \sin(\omega T) = \pm\sqrt{1-\cos^2(\omega T)} = \pm\sqrt{1-\left(\sqrt{3}/2\right)^2} = \pm 1/2$$

より，$\omega T > 0$ なので $\omega T = \pi/6$ となる．

よって，$X(z) = 4 \times \dfrac{1/2 z^{-1}}{1-\sqrt{3}z^{-1}+z^{-2}}$ と変形して，式（3.62）の z 変換対を適用すれば，$x_k = \begin{cases} 4\sin(k\pi/6) & ; k \geqq 0 \\ 0 & ; k < 0 \end{cases}$ となる．

② $X(z) = 2 \times \dfrac{1-(\sqrt{3}/2)z^{-1}}{1-z^{-1}+z^{-2}}$ と変形して，①と同様の計算により，

$\cos(\omega T) = 1/2$, $\sin(\omega T) = \sqrt{3}/2$ なので，$\omega T = \pi/3$ である．

よって，式（3.61）の z 変換対を適用すれば，

$x_k = \begin{cases} 2\cos(k\pi/3) & ; k \geq 0 \\ 0 & ; k < 0 \end{cases}$ と求められる．

③ $X(z) = 2 \times \dfrac{1-(\sqrt{2}/2)z^{-1}}{1-\sqrt{2}z^{-1}+z^{-2}} + 4 \times \dfrac{(\sqrt{2}/2)z^{-1}}{1-\sqrt{2}z^{-1}+z^{-2}}$ と変形して，

$\cos(\omega T) = \sqrt{2}/2$, $\sin(\omega T) = \sqrt{2}/2$ なので，$\omega T = \pi/4$ である．

よって，式（3.61）と式（3.62）の z 変換対を適用すれば，

$x_k = \begin{cases} 2\cos(k\pi/4) + 4\sin(k\pi/4) & ; k \geq 0 \\ 0 & ; k < 0 \end{cases}$ となる．

④ 分母が $(1-0.8z^{-1})(1-0.9z^{-1})$ のように因数分解できるので，

$X(z) = \dfrac{2}{1-0.8z^{-1}} + \dfrac{3}{1-0.9z^{-1}}$ と変形できる．

よって，**表 3.2** の式（3.19）の z 変換対を適用すると，

$x_k = \begin{cases} 2 \times 0.8^k + 3 \times 0.9^k & ; k \geq 0 \\ 0 & ; k < 0 \end{cases}$ が得られる．

3-6 信号に指数関数を掛けると…

今度は，ある信号 $x(t)u(t) = \begin{cases} x(t) & ; t \geq 0 \\ 0 & ; t < 0 \end{cases}$ に指数関数 $e^{\lambda t}$（λ：複素数）を掛けた波形 $g(t)$（**図 3.12**），すなわち，

```
                    信号 x(t)
                       │
                       ↓ $e^{\lambda t}$を掛ける
                    ($\lambda = \sigma + j\omega$で複素数)
```

時間波形
$g(t) =$ 時間波形（実数部）$+ j \times$ 時間波形（虚数部）
$e^{\sigma t}\cos(\omega t)x(t)$ ／ $e^{\sigma t}\sin(\omega t)x(t)$

⇕　　　　　　⇕

ラプラス変換
$G(s) = $ $X(s-\sigma-j\omega)$ の実数部 $+ j \times$ $X(s-\sigma-j\omega)$ の虚数部 $= X(s-\lambda)$

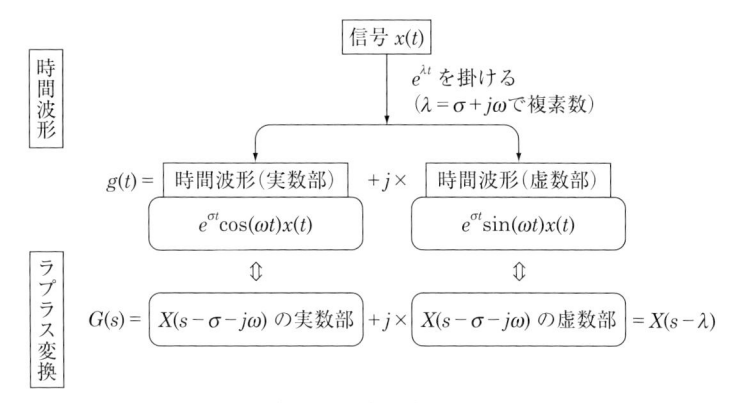

図 3.12　信号に指数関数を掛けた波形

$$g(t) = e^{\lambda t}x(t)u(t) = \begin{cases} e^{\lambda t}x(t) & ; t \geq 0 \\ 0 & ; t < 0 \end{cases} \tag{3.63}$$

のラプラス変換と z 変換を求めてみよう．

ラプラス変換

式 (3.63) のアナログ信号 $g(t)$ に対するラプラス変換は定義 [式 (2.1)] より，

$$\mathcal{L}[g(t)] = G(s) = \int_0^\infty \left\{ e^{\lambda t}x(t) \right\} e^{-st} dt = \int_0^\infty x(t) e^{-(s-\lambda)t} dt \tag{3.64}$$

となり，

$$\mathcal{L}[x(t)] = X(s) = \int_0^\infty x(t) e^{-st} dt \tag{3.65}$$

であるから，変数 s を $(s-\lambda)$ に置き換えた積分値が式 (3.64) に一致することがわかる．つまり，

$$G(s) = X(s-\lambda) \tag{3.66}$$

で表す関係が成立するので，

$$e^{\lambda t}x(t)u(t) \iff X(s-\lambda) \tag{3.67}$$

79

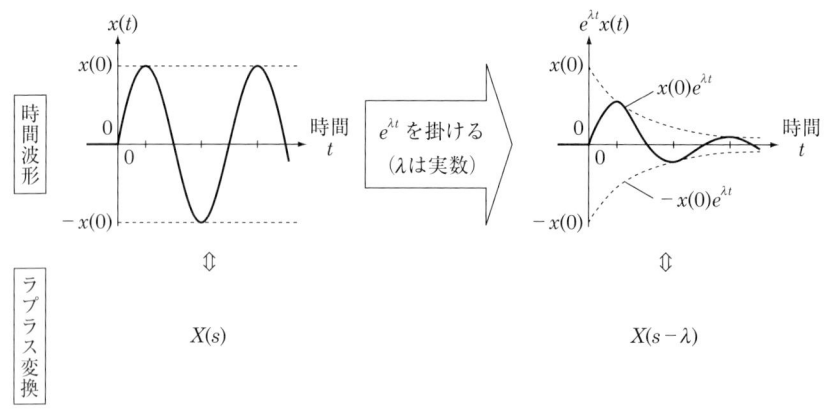

図 3.13　振動波形に指数関数を掛けると…

のラプラス変換対が導かれる．なお，変数 λ が実数の場合はアナログ信号 $x(t)$ の包絡線が $\pm e^{\lambda t}$ であり，特に λ が負のとき時間の経過とともに減衰する波形となる（図 3.13）．

ナットクの例題 3-5

次のアナログ信号 $g(t)$ に対するラプラス変換 $G(s)$ を求めよ．

① $g(t) = te^{-3t}u(t)$　　　② $g(t) = 4e^{-2t}\sin(3t)u(t)$

③ $g(t) = 3e^{-5t}\cos(2\pi ft)u(t)$　　④ $g(t) = \sqrt{2}e^{-5t}\cos\left(4t + \dfrac{\pi}{4}\right)u(t)$

[答えはこちら→]

① 付録 B より，$tu(t)$ のラプラス変換 $X(s)$ が $\dfrac{1}{s^2}$ である．よって，式（3.67）において $\lambda = -3$ に相当することに基づき，ラプラス変換 $G(s)$ は，

$$G(s) = X(s+3) = \frac{1}{(s+3)^2}$$

となる．

② 式（3.57）より，$\omega = 3\,[\mathrm{rad/秒}]$ なので，

$$4\sin(3t)u(t) = \begin{cases} 4\sin(3t) & ;t \geq 0 \\ 0 & ;t < 0 \end{cases} \Leftrightarrow 4 \times \frac{3}{s^2+3^2} = \frac{12}{s^2+3^2}$$

となり，$\lambda = -2$ として式（3.67）を適用すればよい．

$$G(s) = \frac{12}{(s+2)^2+3^2} = \frac{12}{s^2+4s+13}$$

一般的には，式（3.57）と式（3.67）に基づき，

$$e^{\lambda t}\sin(\omega t)u(t) = \begin{cases} e^{\lambda t}\sin(\omega t) & ;t \geq 0 \\ 0 & ;t < 0 \end{cases} \Leftrightarrow \frac{\omega}{(s-\lambda)^2+\omega^2} \quad (3.68)$$

で表されるラプラス変換対が成立する．

③ 式（3.56）より，$\omega = 2\pi f$ [rad/秒] なので，

$$3\cos(2\pi f t)u(t) = \begin{cases} 3\cos(2\pi f t) & ;t \geq 0 \\ 0 & ;t < 0 \end{cases} \Leftrightarrow 3 \times \frac{s}{s^2+(2\pi f)^2} = \frac{3s}{s^2+(2\pi f)^2}$$

となり，$\lambda = -5$ として式（3.67）を適用すればよい．

$$G(s) = \frac{3(s+5)}{(s+5)^2+(2\pi f)^2} = \frac{3s+15}{s^2+10s+(25+4\pi^2 f^2)}$$

一般的には，式（3.56）と式（3.67）に基づき，

$$e^{\lambda t}\cos(\omega t)u(t) = \begin{cases} e^{\lambda t}\cos(\omega t) & ;t \geq 0 \\ 0 & ;t < 0 \end{cases} \Leftrightarrow \frac{s-\lambda}{(s-\lambda)^2+\omega^2} \quad (3.69)$$

で表されるラプラス変換対が成立する．

④ まず，三角関数の加法定理 $[\cos(\alpha+\beta) = \cos\alpha\cos\beta - \sin\alpha\sin\beta,\ \alpha = 4t,\ \beta = \pi/4]$ を適用すると，

$$g(t) = \sqrt{2}e^{-5t}\cos\left(4t + \frac{\pi}{4}\right)u(t)$$
$$= \sqrt{2}e^{-5t}\cos(4t)\cos\left(\frac{\pi}{4}\right)u(t) - \sqrt{2}e^{-5t}\sin(4t)\sin\left(\frac{\pi}{4}\right)u(t)$$

と表される．ここで，$\cos\left(\dfrac{\pi}{4}\right) = \sin\left(\dfrac{\pi}{4}\right) = \dfrac{1}{\sqrt{2}}$ なので，

$$g(t) = e^{-5t}\cos(4t)u(t) - e^{-5t}\sin(4t)u(t)$$

となる．よって，$\lambda = -5$，$\omega = 4$ として，式（3.68）と式（3.69）を適用すれば，

$$G(s) = \frac{s+5}{(s+5)^2 + 4^2} - \frac{4}{(s+5)^2 + 4^2} = \frac{s+1}{s^2 + 10s + 41}$$

と算出される．

ナットクの例題 3-6

次のラプラス変換 $G(s)$ を有するアナログ信号 $g(t)$ を求めよ．

$$G(s) = \frac{1}{2}X(s + j2000\pi) + \frac{1}{2}X(s - j2000\pi)$$

［答えはこちら→］

$\lambda = -j2000\pi$，$j2000\pi$ として，式（3.67）を適用すると，

$$\begin{cases} X(s + j2000\pi) & \Leftrightarrow \quad e^{-j2000\pi t}x(t)u(t) \\ X(s - j2000\pi) & \Leftrightarrow \quad e^{j2000\pi t}x(t)u(t) \end{cases}$$

となるので，

$$\frac{1}{2}X(s+j2000\pi) + \frac{1}{2}X(s-j2000\pi) \Leftrightarrow \frac{1}{2}\{e^{j2000\pi t} + e^{-j2000\pi t}\}x(t)u(t)$$

で表される．さらに，オイラーの公式（$e^{j\theta} + e^{-j\theta} = 2\cos\theta$，$\theta = 2000\pi t$）を利用して，

$$g(t) = x(t)\cos(2000\pi t)u(t) = \begin{cases} x(t)\cos(2000\pi t) & ; t \geq 0 \\ 0 & ; t < 0 \end{cases} \quad (3.70)$$

が得られる．$s = j\omega = j2\pi f$ と表すとき，$\cos(2000\pi t)$ より周波数 f は 1 kHz（= 1000 Hz）であり，音声信号 $x(t)$ を周波数 1 kHz で振幅変調した波形として AM ラジオの信号波形と見なせる（図 3.14）．

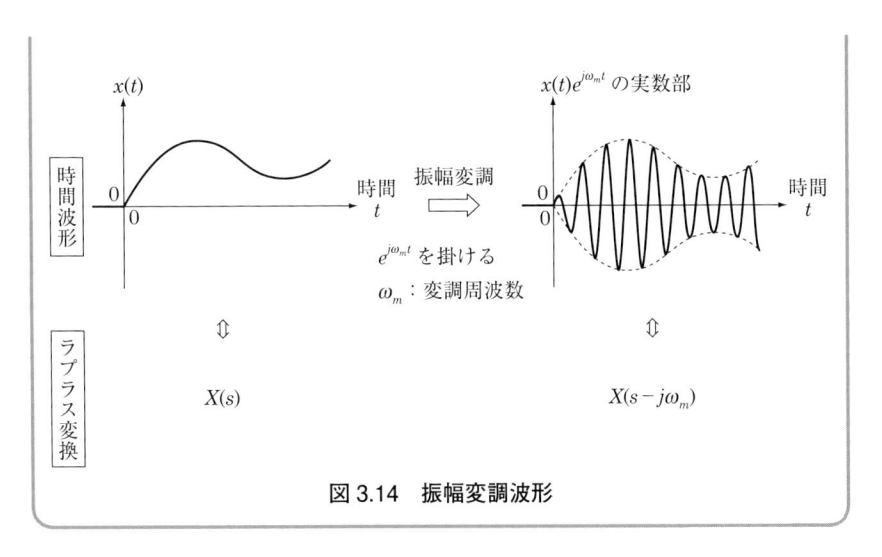

```
┌─────────────────────────────────────────────────────────────┐
│           $x(t)$                        $x(t)e^{j\omega_m t}$ の実数部 │
│                                                              │
│  時間     ／￣￣＼        時間    振幅変調    ／\/\/\／＼    時間 │
│  波形    ／      ＼      $t$      ⟹        \/VVV\/＼   $t$ │
│          0                   $e^{j\omega_m t}$ を掛ける              │
│                              $\omega_m$：変調周波数                   │
│                                                              │
│           ⇕                              ⇕                  │
│  ラプラス                                                    │
│  変換      $X(s)$                        $X(s-j\omega_m)$            │
│                                                              │
│                    図 3.14  振幅変調波形                     │
└─────────────────────────────────────────────────────────────┘

**z 変換**

ディジタル信号 $\{g_k\}_{k=-\infty}^{k=\infty}$ は，式（3.63）の指数関数 $e^{\lambda t}$（$\lambda$：複素数）を掛けたアナログ信号 $g(t)$ を $T$[秒]ごとにサンプリングしたものなので，$t=kT$ を代入して，

$$g_k = g(kT) = e^{k\lambda T} x_k u_k = \begin{cases} e^{k\lambda T} x_k & ; k \geq 0 \\ 0 & ; k < 0 \end{cases} \tag{3.71}$$

で与えられる．このとき，式（3.71）の z 変換は定義［式（2.13）］より，

$$\begin{aligned} Z[g_k] = G(z) &= x_0 + x_1 e^{\lambda T} z^{-1} + x_2 e^{2\lambda T} z^{-2} + x_3 e^{3\lambda T} z^{-3} + \cdots \\ &= x_0 + x_1(e^{-\lambda T}z)^{-1} + x_2(e^{-\lambda T}z)^{-2} + x_3(e^{-\lambda T}z)^{-3} + \cdots \end{aligned} \tag{3.72}$$

となり，$Z[x_k] = X(z) = x_0 + x_1 z^{-1} + x_2 z^{-2} + x_3 z^{-3} + \cdots$ であるから，変数 $z$ を $e^{-\lambda T}z$（あるいは変数 $z$ の逆数 $z^{-1}$ を $e^{\lambda T}z^{-1}$）に置き換えた総和が式（3.72）に一致することがわかる．つまり，

$$G(z) = X(e^{-\lambda T}z) \tag{3.73}$$

で表す関係が成立するので，
```

$$e^{k\lambda T}x_k u_k \quad \Leftrightarrow \quad X(e^{-\lambda T}z) \tag{3.74}$$

の z 変換対が導かれる．

> **ナットクの例題 3-7**
>
> 次の z 変換 $X(z)$ を有するディジタル信号 $\{x_k\}_{k=-\infty}^{k=\infty}$ を求めよ．
>
> ① $X(z) = \dfrac{5e^{-2T}\sin(3T)z^{-1}}{1-2e^{-2T}\cos(3T)z^{-1}+e^{-4T}z^{-2}}$ ② $X(z) = \dfrac{4z^{-2}}{1-e^{-3T}z^{-1}}$
>
> **[答えはこちら→]**
>
> ① 式（3.62）において $\omega = 3$ [rad/秒] として，
>
> $$5\sin(3kT)u_k \quad \Leftrightarrow \quad \tilde{X}(z) = 5\times\frac{\sin(3T)z^{-1}}{1-2\cos(3T)z^{-1}+z^{-2}}$$
>
> であり，$\tilde{X}(z)$ の変数 z に $e^{2T}z$ を代入したもの $\tilde{X}(e^{2T}z)$ が題意の $X(z)$ に等しく，式（3.74）に基づいて $\lambda = -2$ であることがわかるので，
>
> $$x_k = \begin{cases} 5e^{-2kT}\sin(3kT) & ;k\geq 0 \\ 0 & ;k<0 \end{cases}$$
>
> のディジタル信号が導かれる．
>
> ② $X(z) = z^{-2}\times\dfrac{4}{1-e^{-3T}z^{-1}}$ と変形できるので，式（2.31）より，
>
> $$4u_k \quad \Leftrightarrow \quad \tilde{X}(z) = \frac{4}{1-z^{-1}}$$
>
> であり，$\tilde{X}(z)$ の変数 z に $e^{3T}z$ を代入した値 $\tilde{X}(e^{3T}z)$ を用いて，
>
> $$X(z) = z^{-2}\times \tilde{X}(e^{3T}z) \tag{3.75}$$
>
> と表される．よって，式（3.74）に基づいて $\lambda = -3$ であることがわかるので，$\tilde{X}(e^{3T}z)$ のディジタル信号 $\{\tilde{x}_k\}_{k=-\infty}^{k=\infty}$ は，

$$\tilde{x}_k = \begin{cases} 4e^{-3kT} & ; k \geqq 0 \\ 0 & ; k < 0 \end{cases}$$

となる．最終的には，式（3.75）より $\tilde{X}(e^{3T}z)$ に z^{-2} が乗じてあることから，$\{x_k\}_{k=-\infty}^{k=\infty}$ は $\{\tilde{x}_k\}_{k=-\infty}^{k=\infty}$ の信号全体を 2 サンプルだけ遅らせたものに一致するので，

$$x_k = \begin{cases} 4e^{-3(k-2)T} & ; k \geqq 2 \\ 0 & ; k < 2 \end{cases}$$

となる．

第4章 ラプラス変換表とz変換表を自在に使いこなす

帽子縫製
マニュアル

z変換表

x_k	$X(z)$
$=$	$=$
$Z^{-1}[X(z)]$	$Z[x_k]$

「ラプラス変換を用いれば，微積分方程式が系統的に解ける」
「z変換を用いれば，差分方程式が系統的に解ける」

このことこそが，ラプラス変換およびz変換の最大の醍醐味だ．本章では，系統的な解法手順を示して，ラプラス変換表とz変換表の有効な活用法を説明する．

まずは，ラプラス変換あるいはz変換することにより，微積分方程式あるいは差分方程式を（変数sあるいはzに関する）代数方程式として扱えるようにする．その結果，得られた代数方程式を解けば，解のラプラス変換あるいはz変換（裏関数）が容易に求められる．

続いて，得られた裏関数をラプラス逆変換あるい逆 z 変換することにより，微積分方程式あるいは差分方程式の解を求めるステップである．

一般に工学的な応用問題では，この裏関数は有理関数（多項式の比）の分数の形をしていることが多い．その場合は，裏関数を部分分数分解という手法によって，簡単な関数の和の形にしてから変換表を逆変換（変換表を適用）する方法，**ヘヴィサイドの展開定理**が有効である．その際，部分分数に分解するときの係数の算出方法も，併せて解説する．

4-1 ラプラス変換の意義と変換表の使い方

ラプラス変換を用いた微積分方程式の解法の一般論は後回しにして，簡単な例題を解くプロセスを紹介しよう．

いま，$t \geq 0$ において，

$$2\int_{-\infty}^{t} y(\tau)d\tau + \frac{dy(t)}{dt} + 3y(t) = x(t) = \begin{cases} 9 & ; t \geq 0 \\ 0 & ; t < 0 \end{cases} \quad (4.1)$$

の微積分方程式を満たす解をラプラス変換法で求めてみる．ただし，$y(t)$ の初期条件を $y(0) = 3$，$\int_{-\infty}^{0} y(\tau)d\tau = 2$ とする．

微積分方程式を解く**第 1 ステップ**は，式（4.1）のラプラス変換を求めて，表関数 $y(t)$ の裏関数 $Y(s)$ に関する代数方程式を導くことである．すなわち，

$$\mathcal{L}[y(t)] = Y(s)$$

とおけば，ラプラス変換対［式（3.32），式（3.41）］に基づき，

$$\begin{cases} \mathcal{L}\left[\int_{-\infty}^{t} y(\tau)d\tau\right] = \frac{1}{s}Y(s) + \frac{\int_{-\infty}^{0} y(\tau)d\tau}{s} \\ \mathcal{L}\left[\frac{dy(t)}{dt}\right] = sY(s) - y(0) \end{cases}$$

であるから，線形性および初期条件を考慮して，式（4.1）の左辺のラプラス変換は次式で与えられる．

$$\mathcal{L}\left[2\int_{-\infty}^{t} y(\tau)d\tau + \frac{dy(t)}{dt} + 3y(t)\right] = 2 \times \mathcal{L}\left[\int_{-\infty}^{t} y(\tau)d\tau\right] + \mathcal{L}\left[\frac{dy(t)}{dt}\right] + 3 \times \mathcal{L}[y(t)]$$
$$= 2 \times \left\{\frac{1}{s}Y(s) + \frac{2}{s}\right\} + sY(s) - 3 + 3Y(s)$$

(4.2)

一方，式（4.1）の右辺は $t \geq 0$ で 9 なので，ラプラス変換対［式（3.7）］より，

$$X(s) = \mathcal{L}[x(t)] = \mathcal{L}[9u(t)] = \frac{9}{s}$$

である．こうして，式（4.3）のようなラプラス変換が求められる．

$$\frac{2}{s}Y(s) + \frac{4}{s} + sY(s) - 3 + 3Y(s) = \frac{9}{s} \tag{4.3}$$

第2ステップは，式（4.3）を裏関数 $Y(s)$ について代数的に解くことである．すなわち，式（4.3）の両辺に s を掛けて変形すると，

$$\{s^2 + 3s + 2\}Y(s) = 3s + 5$$

となり，最終的に，

$$Y(s) = \frac{3s + 5}{s^2 + 3s + 2} \tag{4.4}$$

が得られる．

最後の**第3ステップ**は，裏関数 $Y(s)$ の表関数 $y(t)$ を求めることで，ラプラス逆変換の計算である．まずは，$Y(s)$ の分母項の因数分解からで，中学数学を思い起こしてもらえれば，

$$s^2 + 3s + 2 = (s+1)(s+2)$$

であり，右辺の $s+1$，$s+2$ を因数という．また，$s = -1$（$s+1 = 0$ を満

たす）および $s=-2$（$s+2=0$ を満たす）は，$Y(s)=\infty$ となる s の値で極（pole）と呼び，分母多項式の根である．

さて，式（4.4）のラプラス変換 $Y(s)$ を部分分数分解すると，

$$Y(s)=\frac{3s+5}{s^2+3s+2}=\frac{c_1}{s+1}+\frac{c_2}{s+2} \tag{4.5}$$

の形式で表され，展開係数 c_1 と c_2 は次のように決定することができる．

例えば，展開係数 c_1 を求めるには，式（4.5）の両辺に因数 $s+1$ を掛けるのである．その結果，

$$\begin{aligned}(s+1)Y(s)&=(s+1)\frac{3s+5}{(s+1)(s+2)}\\&=\frac{3s+5}{s+2}=c_1+(s+1)\left(\frac{c_2}{s+2}\right)\end{aligned} \tag{4.6}$$

となるのだが，変数 s に関する恒等式であることを考慮すれば，式（4.6）は変数 s のどのような値に対しても成立しなければならない．そこで，因数 $s+1=0$ を満たす根（$s=-1$ で，極に相当）を式（4.6）に代入すると，左辺は，

$$\left.\frac{3s+5}{s+2}\right|_{s=-1}=\frac{3\times(-1)+5}{-1+2}=\frac{2}{1}=2$$

となる．続いて，右辺にも $s=-1$ を代入して，

$$\left.c_1+(s+1)\left(\frac{c_2}{s+2}\right)\right|_{s=-1}=c_1+\underbrace{(-1+1)\left(\frac{c_2}{-1+2}\right)}_{0}=c_1$$

となるので，展開係数 c_1 がものの見事に算出されるのである．つまり，展開係数 $c_1=2$ が得られる．

同様に，展開係数 c_2 は式（4.5）の両辺に因数 $s+2$ を掛けて，因数 $s+2=0$ を満たす根（$s=-2$ で，極に相当）を代入すればよいので，

$$c_2 = (s+2)Y(s)\Big|_{s=-2} = (s+2)\frac{3s+5}{(s+1)(s+2)}\Big|_{s=-2}$$
$$= \frac{3s+5}{s+1}\Big|_{s=-2} = \frac{3\times(-2)+5}{-2+1} = \frac{-1}{-1} = 1$$

となる．

以上より，式（4.4）は，

$$Y(s) = \frac{2}{s+1} + \frac{1}{s+2}$$

と部分分数分開される．ラプラス変換表［式（3.9）］と線形性を適用すれば，$Y(s)$ のラプラス逆変換として，

$$y(t) = \mathcal{L}^{-1}\left[\frac{2}{s+1} + \frac{1}{s+2}\right]$$
$$= 2\times\mathcal{L}^{-1}\left[\frac{1}{s+1}\right] + \mathcal{L}^{-1}\left[\frac{1}{s+2}\right] = (2e^{-t} + e^{-2t})u(t) \qquad (4.7)$$

が求められる．これが微積分方程式（4.1）の初期条件を考慮した解となるのである．

そこで，求めた解［式（4.7）］が果たして式（4.1）の微積分方程式を満たすかどうかを確認してみよう．式（4.1）の積分項は，初期条件より，$t \geqq 0$ において，

$$\int_{-\infty}^{t} y(\tau)d\tau = \underbrace{\int_{-\infty}^{0} y(\tau)d\tau}_{2} + \int_{0}^{t} y(\tau)d\tau = 2 + \int_{0}^{t} y(\tau)d\tau$$

と表されることから，式（4.7）の解を代入すると，

$$\int_{0}^{t} y(\tau)d\tau = \left[-2e^{-\tau} - \frac{1}{2}e^{-2\tau}\right]_{\tau=0}^{\tau=t} = -2e^{-t} - \frac{1}{2}e^{-2t} + 2 + \frac{1}{2}$$

であり，式（4.1）の右辺は，

$$2\int_{-\infty}^{t} y(\tau)d\tau + \frac{dy(t)}{dt} + 3y(t)$$
$$= 2\times\left\{2-2e^{-t}-\frac{1}{2}e^{-2t}+\frac{5}{2}\right\} + \left\{-2e^{-t}-2e^{-2t}\right\} + 3\times\left\{2e^{-t}+e^{-2t}\right\}$$
$$= 4+5+(-4-2+6)e^{-t}+(-1-2+3)e^{-2t} = 9$$

となるので，式（4.1）の微積分方程式の解であることが実証された．なお，式（4.7）に $t=0$ を代入すると $y(0)=2e^{-0}+e^{-2\times 0}=3$ で，初期条件も満たされる．

　一般に，表関数 $y(t)$ の変数 t が時間を表すとすれば，時間とともに変動する自然現象やアナログ・システムの問題は時間 t の領域（**t 領域**）で記述される．これをラプラス変換では，図 4.1 に示すように変数 s の有理関数による表現，すなわち **s 領域**に変換する．そして，s 領域において代数計算を行い，その結果をラプラス逆変換することによって t 領域に再び戻すという回り道をして，微積分方程式を解いている．なぜなら，「**t 領域から s 領域に変換したほうが，問題が容易に解ける**」からであり，さらには「**s 領域に変換したほうが現象の本質に迫ることができ，その物理的な意味を直感的に理解することを容易にする**」のである．言わば，t 領域ではモヤモヤっとした現象の世界が，s 領域への変換によってモヤモヤが吹

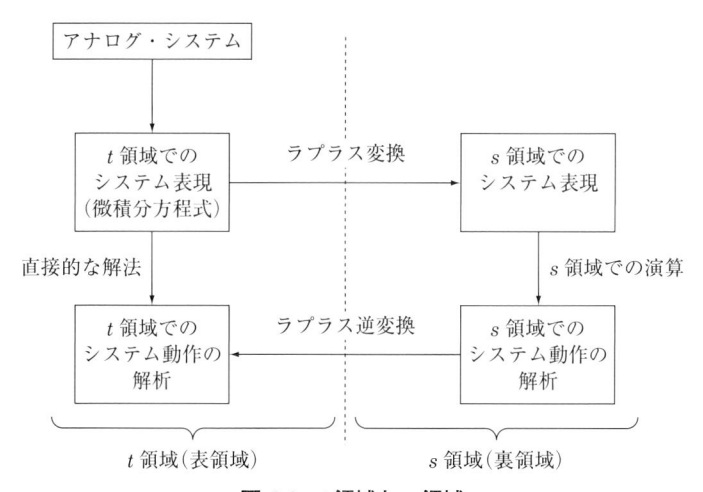

図 4.1　t 領域と s 領域

き消され，クリアな世界が眼前に広がってくるのである．そのようなスッキリ感を味わうことができたときには，ラプラス変換の本質が習得できたと言い切ってよいだろう．

4-2 微積分方程式の一般的な解法

一般に，アナログ・システムは，

$$a_0 y(t) + a_1 \frac{dy(t)}{dt} + a_2 \frac{d^2 y(t)}{dt^2} + \cdots + a_N \frac{d^N y(t)}{dt^N} \\ + b_1 y^{(-1)}(t) + b_2 y^{(-2)}(t) + \cdots + b_M y^{(-M)}(t) = x(t) \tag{4.8}$$

ただし，$y^{(-m)}(t) = \underbrace{\int_{-\infty}^{t}\int_{-\infty}^{t}\int_{-\infty}^{t}\cdots\int_{-\infty}^{t}}_{m\text{個}} y(\tau)(d\tau)^m \quad ; \quad m = 1, \ 2, \ \cdots, \ M$

の微積分方程式で表される．ただし，式 (4.8) において，$\{a_n\}_{n=0}^{n=N}$ および $\{b_m\}_{m=1}^{m=M}$ はすべて実数とする．また，$y(t)$ およびその導関数の初期値を $y(0)$，$\left\{y^{(n)}(0) = \left.\dfrac{d^n y(t)}{dt^n}\right|_{t=0}\right\}_{n=1}^{n=N}$，積分関数の初期値 $\left\{y^{(-m)}(0)\right\}_{m=1}^{m=M}$ とする．

このとき，右辺の $x(t)$ をこのシステムの**駆動関数**（または，**入力**）と呼び，$y(t)$ をシステムの**応答関数**（または，**出力**）と呼ぶことがある（図 4.2）．

さて，式 (4.8) のラプラス変換による解き方は，前節に述べた例を振

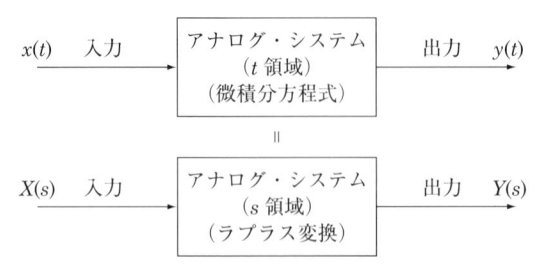

図 4.2 アナログ・システム表現

り返りながら，大きく次の 3 つのステップに分けられる．

[第 1 ステップ] 微積分方程式をラプラス変換する

ラプラス変換表および線形性を用いて，式（4.8）の s 領域における関係式を算出する．これは，目的とする応答関数 $y(t)$ の裏関数 $Y(s)$ に関する方程式になり，次のように表される．

$$G(s)Y(s) - G_0(s) = X(s) \quad ; \quad L[x(t)] = X(s), \quad L[y(t)] = Y(s) \quad (4.9)$$

ここに，$G(s)$ は変数 s に関する関数で，微積分方程式の係数 $\{a_n\}_{n=0}^{n=N}$ と $\{b_m\}_{m=1}^{m=M}$ によって定まり，

$$G(s) = a_0 + a_1 s + \cdots + a_N s^N + b_1 \frac{1}{s} + b_2 \frac{1}{s^2} + \cdots + b_M \frac{1}{s^M} \quad (4.10)$$

である．また，$G_0(s)$ は $y(t)$（およびその導関数，積分関数）の初期値に関する項で，一般に次式によって与えられる．

$$\begin{aligned}
G_0(s) = & a_1\{y(0)\} \\
& + a_2\left\{sy(0) + y^{(1)}(0)\right\} \\
& + a_3\left\{s^2 y(0) + s y^{(1)}(0) + y^{(2)}(0)\right\} \\
& + \cdots \cdots \\
& + a_N\left\{s^{N-1} y(0) + s^{N-2} y^{(1)}(0) + \cdots + s y^{(N-2)} + y^{(N-1)}(0)\right\} \\
& - b_1 \left\{\frac{x^{(-1)}(0)}{s}\right\} \\
& - b_2 \left\{\frac{x^{(-1)}(0)}{s^2} + \frac{x^{(-2)}(0)}{s}\right\} \\
& - \cdots \cdots \\
& - b_M \left\{\frac{x^{(-1)}(0)}{s^M} + \frac{x^{(-2)}(0)}{s^{M-1}} + \cdots + \frac{x^{(-M+1)}(0)}{s^2} + \frac{x^{(-M)}(0)}{s}\right\}
\end{aligned} \quad (4.11)$$

[第2ステップ]　裏関数 $Y(s)$ を求める

式（4.9）を $Y(s)$ について解き，

$$Y(s) = \frac{X(s)}{G(s)} + \frac{G_0(s)}{G(s)} \tag{4.12}$$

を計算する．これは代数的な演算であるから一般に簡単な計算である．

式（4.12）において駆動関数 $x(t) = 0$ のときは，$X(s) = 0$ となるから，$Y(s)$ は右辺の第2項のみとなる．したがって，第2項 $G_0(s)/G(s)$ はシステムの過渡応答の裏関数になり，十分に大きな値の変数 t に対してゼロに近づく．

これに対して，システムの初期値がすべて0のとき（システムが静止状態にあるという）は，$G_0(s) = 0$ となり $Y(s)$ は右辺の第1項のみとなる．すなわち，式（4.12）の $X(s)/G(s)$ は駆動関数 $x(t)$ に対する定常応答の裏関数にほかならない．

[第3ステップ]　ラプラス逆変換する

最後に式（4.12）の裏関数 $Y(s)$ に対してラプラス逆変換する操作，すなわち**ラプラス変換表を参照する**だけで，目的とする応答関数 $y(t) = \mathcal{L}^{-1}[Y(s)]$ が求められる．このとき，工学の多くの応用事例では，$Y(s)$ が有理関数（2つの多項式の比の形）であることがほとんどであり，その場合には部分分数分解（**4-3** で述べる「ヘヴィサイドの展開定理」）が有効な手段となる．

図4.3は，ラプラス変換表を参照する微積分方程式の解法ステップを図式的に表現したものである．このように s（裏関数）領域に変換してから解を求める方法は，一般解そして特殊解を求めて初期条件を満たすようにする直接的な解法に比べて一見回りくどいように思われるかもしれない．でも，「急がば回れ」ということわざを地でいくラプラス変換法は，**《微積分方程式が代数方程式に変換される》**ため，直接的な解法よりもはるかに簡単かつ系統的に解を求めることができる．同時に，**《微積分方程式のラ**

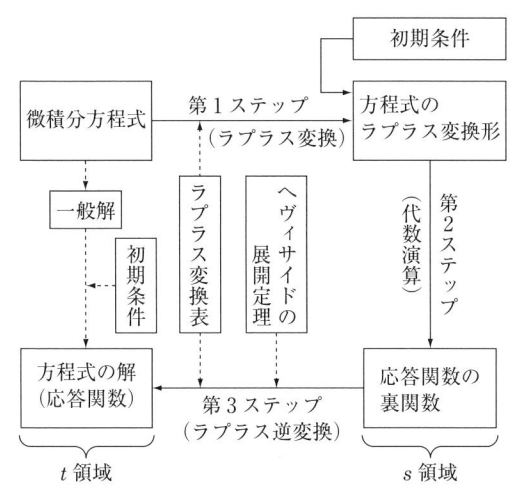

図4.3 ラプラス変換による微積分方程式の解法の流れ

プラス変換したものには，初期条件が自動的に考慮されている》ことも，ラプラス変換法の特筆すべき特徴である．

4-3 ラプラス逆変換の計算公式（ヘヴィサイドの展開定理）

ところで，実用上しばしば見受けられる「求めたい応答関数 $y(t)$ の裏関数 $Y(s)$」は，$A(s)$，$B(s)$ を s に関する異なる多項式とすれば，

$$Y(s) = \frac{B(s)}{A(s)} = \frac{b_0 + b_1 s + \cdots + b_M s^M}{a_0 + a_1 s + \cdots + a_N s^N} \tag{4.13}$$

ただし，$A(s) = \sum_{n=0}^{N} a_n s^n$，$B(s) = \sum_{m=0}^{M} b_m s^m$

の有理関数の形式（$a_N \neq 0$，$b_M \neq 0$）で表される．ここで，N［次］の分

母多項式 $A(s)$ と M [次] の分子多項式 $B(s)$ は共通因数をもたず，$A(s)$ の最高次数 N が $B(s)$ の最高次数 M より少なくとも 1 次以上高い（$N>M$）．

以下に述べる「ヘヴィサイドの展開定理」は，式（4.13）の $B(s)/A(s)$ で表される有理関数について，ラプラス逆変換の一般形を与えるものである．

通常，式（4.13）の分母多項式 $A(s)$ は s に関する多項式なので，$A(s)=0$ を満たす N 個の根 $\{\lambda_1, \lambda_2, \cdots, \lambda_N\}$ を用いて，

$$A(s) = a_N(s-\lambda_1)(s-\lambda_2)\cdots(s-\lambda_N) \tag{4.14}$$

と因数分解が可能である．

そこで，式（4.14）の因数分解を基に，すべての根（極）が異なる場合に，ラプラス変換 $Y(s)$ を，

$$\begin{aligned} Y(s) &= \frac{B(s)}{a_N(s-\lambda_1)(s-\lambda_2)\cdots(s-\lambda_N)} \\ &= \frac{c_1}{s-\lambda_1} + \frac{c_2}{s-\lambda_2} + \cdots + \frac{c_N}{s-\lambda_N} = \sum_{n=1}^{N} \frac{c_n}{s-\lambda_n} \end{aligned} \tag{4.15}$$

のように**部分分数分解**すると，このラプラス逆変換は線形性を考慮して次のように与えられる（**ヘヴィサイドの展開定理**）．

$$\begin{aligned} y(t) &= \mathcal{L}^{-1}[Y(s)] = \mathcal{L}^{-1}\left[\sum_{n=1}^{N} \frac{c_n}{s-\lambda_n}\right] \\ &= \sum_{n=1}^{N} c_n \mathcal{L}^{-1}\left[\frac{1}{s-\lambda_n}\right] = \sum_{n=1}^{N} c_n e^{\lambda_n t} u(t) \end{aligned} \tag{4.16}$$

なお，部分分数分解をするときのポイントは，式（4.15）の展開係数 $\{c_n\}_{n=1}^{n=N}$ の算出にある．例えば，展開係数 c_n を決定するには，式（4.15）の両辺に $s-\lambda_n$ を掛けて，

$$(s-\lambda_n)Y(s) = c_n + (s-\lambda_n)\left(\frac{c_1}{s-\lambda_1} + \cdots + \frac{c_{n-1}}{s-\lambda_{n-1}} + \frac{c_{n+1}}{s-\lambda_{n+1}} + \cdots + \frac{c_N}{s-\lambda_N}\right)$$

となり，$s=\lambda_n$ を代入すれば，

$$
\begin{aligned}
&(s-\lambda_n)Y(s)\Big|_{s=\lambda_n}\\
&= c_n + \underbrace{(s-\lambda_n)\left(\frac{c_1}{s-\lambda_1}+\cdots+\frac{c_{n-1}}{s-\lambda_{n-1}}+\frac{c_{n+1}}{s-\lambda_{n+1}}+\cdots+\frac{c_N}{s-\lambda_N}\right)}_{0}
\end{aligned}
$$

であるので,

$$c_n = (s-\lambda_n)Y(s)\Big|_{s=\lambda_n} \quad ; \quad n=1,\ 2,\ \cdots,\ N \tag{4.17}$$

が得られる.

また,展開係数 $\{c_n\}_{n=1}^{n=N}$ の別な算出法を以下に示す.まず,λ_n が分母多項式 $A(s)$ の根なので,$A(\lambda_1)=0$ を満たすことから,

$$A(s) = A(s) - A(\lambda_1) \tag{4.18}$$

と表される.このとき,

$$
\begin{aligned}
c_n &= (s-\lambda_n)Y(s)\Big|_{s=\lambda_n}\\
&= \lim_{s\to\lambda_n}\left\{(s-\lambda_n)Y(s)\right\} = \lim_{s\to\lambda_n}\left\{(s-\lambda_n)\frac{B(s)}{A(s)}\right\} = \lim_{s\to\lambda_n}\left\{(s-\lambda_n)\frac{B(s)}{A(s)-A(\lambda_n)}\right\}\\
&= \lim_{s\to\lambda_n}\frac{B(s)}{\dfrac{A(s)-A(\lambda_n)}{s-\lambda_n}} = \frac{\lim\limits_{s\to\lambda_n}B(s)}{\lim\limits_{s\to\lambda_n}\dfrac{A(s)-A(\lambda_n)}{s-\lambda_n}}
\end{aligned}
$$

$$\tag{4.19}$$

と変形できる.ここで,$\lim\limits_{s\to\lambda_n}B(s)=B(\lambda_n)$ であり,分母項 $\lim\limits_{s\to\lambda_n}\dfrac{A(s)-A(\lambda_n)}{s-\lambda_n}$ は $A(s)$ の $s=\lambda_n$ における微分値 $\dfrac{dA(s)}{ds}\Big|_{s=\lambda_n}$ に等しく,分母多項式 $A(s)$ の1階微分 $\dfrac{dA(s)}{ds}$ を $A^{(1)}(s)$ と表せば,

$$c_n = \frac{B(\lambda_n)}{A^{(1)}(\lambda_n)} \quad ; \quad n=1,\ 2,\ \cdots,\ N \tag{4.20}$$

97

で求められる．

　これまでは，単根の場合の展開係数について説明したが，根 $s=\lambda_\ell$ が $A(s)$ の r 重根の場合は，

$$Y(s) = \frac{B(s)}{a_N(s-\lambda_1)\cdots(s-\lambda_\ell)^r\cdots(s-\lambda_N)}$$
$$= \frac{\tilde{c}_1}{s-\lambda_\ell} + \frac{\tilde{c}_2}{(s-\lambda_\ell)^2} + \cdots + \frac{\tilde{c}_r}{(s-\lambda_\ell)^r} + \sum_{\substack{n=1\\ \neq \ell}}^{N} \frac{c_n}{s-\lambda_n} \quad (4.21)$$

のように部分分数分解できるので，このラプラス逆変換はラプラス変換対，すなわち，

$$\frac{1}{(k-1)!}t^{k-1}e^{\lambda_\ell t}u(t) \quad \Leftrightarrow \quad \frac{1}{(s-\lambda_\ell)^k} \quad (4.22)$$

　　　ただし，$(k-1)! = 1\times 2\times 3\times\cdots\times(k-2)\times(k-1),\ 0! = 1$

を用いて次のように求められる（**付録 C** を参照）．

$$y(t) = \mathcal{L}^{-1}[Y(s)] = \mathcal{L}^{-1}\left[\frac{\tilde{c}_1}{s-\lambda_\ell} + \frac{\tilde{c}_2}{(s-\lambda_\ell)^2} + \cdots + \frac{\tilde{c}_r}{(s-\lambda_\ell)^r} + \sum_{\substack{n=1\\ \neq \ell}}^{N} \frac{c_n}{s-\lambda_n}\right]$$
$$= \left\{\tilde{c}_1 + \tilde{c}_2 t + \frac{1}{2!}\tilde{c}_3 t^2 + \cdots + \frac{1}{(r-1)!}\tilde{c}_r t^{r-1}\right\}e^{\lambda_\ell t}u(t) + \sum_{\substack{n=1\\ \neq \ell}}^{N} c_n e^{\lambda_n t}u(t)$$

$$(4.23)$$

なお，展開時のポイントは，式（4.23）の展開係数 $\{\tilde{c}_k\}_{k=1}^{k=r}$ の算出にあるが，複雑な計算となるので，後述する例題を参考にしてもらいたい．

$$\tilde{c}_k = \frac{1}{(r-k)!}\left[\frac{d^{r-k}}{ds^{r-k}}\left\{(s-\lambda_\ell)^r Y(s)\right\}\right]_{s=\lambda_\ell} \quad (4.24)$$

　　　ただし，$(r-k)! = 1\times 2\times 3\times\cdots\times(r-k-1)\times(r-k),\ 0! = 1$

ナットクの例題 4-1

次のラプラス変換 $X(s)$ を部分分数分開して，表関数 $x(t)$ を求めよ．

① $X(s) = \dfrac{2s^2 + 12s + 13}{s(s^2 + 4s + 13)}$ ② $X(s) = \dfrac{s^2 + s + 4}{(s+3)^3}$

[答えはこちら→]

いずれも，分母項の因数を求めて部分分数分解した後，ラプラス変換表を利用して，ラプラス逆変換すればよい．

① 簡便な計算方法を紹介しよう．分母多項式の 2 次項 $(s^2 + 4s + 13)$ の判別式 $D = 4^2 - 4 \times 1 \times 13 = -36$ が負であり，共役複素根 $(-2 \pm j3)$ を有することがわかる．そこで，2 次項を平方完成すれば，

$$s^2 + 4s + 13 = (s+2)^2 + 9 = (s+2)^2 + 3^2$$

となるので，式（3.7），式（3.68）および式（3.69）のラプラス変換対を直接適用できるように，

$$X(s) = \frac{c_1}{s} + A \times \frac{s+2}{(s+2)^2 + 3^2} + B \times \frac{3}{(s+2)^2 + 3^2} \tag{4.25}$$

と部分分数分解することを考える．ここで，c_1 は式（4.17）より，

$$c_1 = sX(s)\Big|_{s=0} = \frac{2s^2 + 12s + 13}{s^2 + 4s + 13}\bigg|_{s=0} = \frac{0+0+13}{0+0+13} = \frac{13}{13} = 1$$

と算出される．

また，式（4.25）の両辺を $\{(s+2)^2 + 3^2\}$ 倍して，

$$\{(s+2)^2 + 3^2\} X(s) = c_1 \frac{(s+2)^2 + 3^2}{s} + A(s+2) + 3B$$

であり，$s = -2 + j3$ を代入すると，

$$\text{右辺} = \left\{ c_1 \frac{(s+2)^2 + 3^2}{s} + A(s+2) + 3B \right\}\bigg|_{s=-2+j3} = j3A + 3B$$

$$\text{左辺} = \left\{(s+2)^2 + 3^2\right\} X(s)\Big|_{s=-2+j3} = \frac{2s^2+12s+13}{s}\Big|_{s=-2+j3}$$

$$= \frac{-21+j12}{-2+j3} = \frac{(-21+j12)\times(-2-j3)}{(-2+j3)\times(-2-j3)} = \frac{78+j39}{13} = 6+j3$$

となる．ゆえに，

$$j3A + 3B = 6 + j3$$

となるから両辺の実数部と虚数部を比較して，$A=1$，$B=2$ が得られる．
　もちろんオーソドックスに，

$$X(s) = \frac{c_1}{s} + \frac{c_2}{s+2-j3} + \frac{c_3}{s+2+j3}$$

と部分分数分解して，式（4.17）より展開係数 c_1, c_2, c_3 を計算し，

$$x(t) = \left\{ c_1 + c_2 e^{(-2+j3)t} + c_3 e^{(-2-j3)t} \right\} u(t)$$

と求めることもできる．ここで，展開係数 c_2 と c_3 は複素共役になるので，オイラーの公式を適用して整理することにより，$x(t)$ は cos 関数，sin 関数を用いて表すことができる．

② $X(s)$ の分母関数の根が3重根（$\lambda_1 = -3$）なので，

$$X(s) = \frac{\tilde{c}_1}{s+3} + \frac{\tilde{c}_2}{(s+3)^2} + \frac{\tilde{c}_3}{(s+3)^3}$$

と部分分数分解できる．このとき，展開係数 $\tilde{c}_1$, $\tilde{c}_2$, $\tilde{c}_3$ は式（4.24）を利用して計算する．

$$\tilde{c}_3 = (s+3)^3 X(s)\Big|_{s=-3} = s^2+s+4\Big|_{s=-3} = (-3)^2 + (-3) + 4 = 10$$

$$\tilde{c}_2 = \frac{d}{ds}\left\{(s+3)^3 X(s)\right\}\Big|_{s=-3} = \frac{d}{ds}\left(s^2+s+4\right)\Big|_{s=-3}$$
$$= 2s+1\Big|_{s=-3} = 2\times(-3) + 1 = -5$$

$$\tilde{c}_1 = \frac{1}{2!}\frac{d^2}{ds^2}\left\{(s+3)^3 X(s)\right\}\bigg|_{s=-3} = \frac{1}{2!}\frac{d}{ds}(2s+1)\bigg|_{s=-3} = 1$$

以上より，式（4.22）のラプラス変換対と式（4.23）を利用してラプラス逆変換すれば，表関数 $x(t)$ は，

$$\begin{aligned}x(t) &= \left(\tilde{c}_1 e^{-3t} + \tilde{c}_2 t e^{-3t} + \frac{1}{2!}\tilde{c}_3 t^2 e^{-3t}\right)u(t)\\ &= \left(e^{-3t} - 5te^{-3t} + 5t^2 e^{-3t}\right)u(t)\end{aligned}$$

と求められる．

ナットクの例題 4-2

次の常微分方程式の解を求めよ．ただし，初期条件は $y(0) = 0$, $\dfrac{dy(t)}{dt}\bigg|_{t=0} = 0$ とする．

① $\dfrac{d^2 y(t)}{dt^2} + 3\dfrac{dy(t)}{dt} + 2y(t) = 2e^{-3t}u(t) = \begin{cases} 2e^{-3t} &;\ t \geq 0 \\ 0 &;\ t < 0 \end{cases}$

② $\dfrac{d^2 y(t)}{dt^2} + 4\dfrac{dy(t)}{dt} + 4y(t) = e^{-3t}u(t) = \begin{cases} e^{-3t} &;\ t \geq 0 \\ 0 &;\ t < 0 \end{cases}$

[答えはこちら→]

まず，式（3.32）と式（3.35），および式（3.9）を適用し，初期条件を考慮して各微分方程式をラプラス変換した後，$y(t)$ のラプラス変換 $Y(s)$ を求める．

① $(s^2 + 3s + 2)Y(s) = \dfrac{2}{s+3}$ より，

$$Y(s) = \frac{2}{(s^2+3s+2)(s+3)} = \frac{2}{(s+1)(s+2)(s+3)}$$

② $(s^2+4s+4)Y(s) = \dfrac{1}{s+3}$ より，$Y(s) = \dfrac{1}{(s+2)^2(s+3)}$

以上の結果から，$Y(s)$ の分母関数の根は，

①は，3つの異なる単根（$\lambda_1 = -1, \lambda_2 = -2, \lambda_3 = -3$）

②は，1つの単根（$\lambda_1 = -3$）と2重根（$\lambda_2 = -2$）

の違いを有することがわかる．したがって，

① $Y(s) = \dfrac{c_1}{s+1} + \dfrac{c_2}{s+2} + \dfrac{c_3}{s+3}$

② $Y(s) = \dfrac{\tilde{c}_1}{s+2} + \dfrac{\tilde{c}_2}{(s+2)^2} + \dfrac{c_1}{s+3}$

のように部分分数分解できるので，式（4.22）のラプラス変換対と式（4.23）を利用してラプラス逆変換すれば，微分方程式の解 $y(t)$ は次のように表される．

① $y(t) = (c_1 e^{-t} + c_2 e^{-2t} + c_3 e^{-3t})u(t)$

② $y(t) = (\tilde{c}_1 e^{-2t} + \tilde{c}_2 t e^{-2t} + c_1 e^{-3t})u(t)$

よって，展開係数 $\tilde{c}_1, \tilde{c}_2, c_1$ を求める問題に帰着されることになり，計算プロセスを以下に示すので，各自で検証してもらいたい．

① すべて単根なので，以下のように計算される．

$c_1 = (s+1)Y(s)\big|_{s=-1} = \dfrac{2}{(s+2)(s+3)}\bigg|_{s=-1} = \dfrac{2}{\{(-1)+2\} \times \{(-1)+3\}} = 1$

$c_2 = (s+2)Y(s)\big|_{s=-2} = \dfrac{2}{(s+1)(s+3)}\bigg|_{s=-2} = \dfrac{2}{\{(-2)+1\} \times \{(-2)+3\}} = -1$

$c_3 = (s+3)Y(s)\big|_{s=-3} = \dfrac{2}{(s+1)(s+2)}\bigg|_{s=-3} = \dfrac{2}{\{(-3)+1\} \times \{(-3)+2\}} = 1$

② 2重根に注意し，$\tilde{c}_1$ と $\tilde{c}_2$ は式（4.24）を，c_1 は式（4.17）を利用して計

算する．

$$\tilde{c}_2 = (s+2)^2 Y(s)\Big|_{s=-2} = \frac{1}{s+3}\Big|_{s=-2} = \frac{1}{-2+3} = 1$$

$$\tilde{c}_1 = \frac{d}{ds}\{(s+2)^2 Y(s)\}\Big|_{s=-2} = \frac{d}{ds}\left(\frac{1}{s+3}\right)\Big|_{s=-2} = -\frac{1}{(s+3)^2}\Big|_{s=-2} = -1$$

$$c_1 = (s+3)Y(s)\Big|_{s=-3} = \frac{1}{(s^2+4s+4)}\Big|_{s=-3} = \frac{1}{(-3)^2+4\times(-3)+4} = 1$$

ナットクの例題 4-3

次の微分方程式の解を求めよ．

$$\frac{d^2y(t)}{dt^2} + 9y(t) = A\cos(\beta t)u(t) = \begin{cases} A\cos(\beta t) & ; \quad t \geq 0 \\ 0 & ; \quad t < 0 \end{cases} \quad (4.26)$$

ただし，初期条件 $y(0) = y_0$, $\left.\dfrac{dy(t)}{dt}\right|_{t=0} = y_0'$ とする．

[答えはこちら→]

解を求める前に，式（4.26）の微分方程式が表す物理的なイメージ例を図 4.4 に示す．この例は，固有振動（角周波数 $\omega_0 = 3\,[\text{rad}/秒]$）を有するバネに，

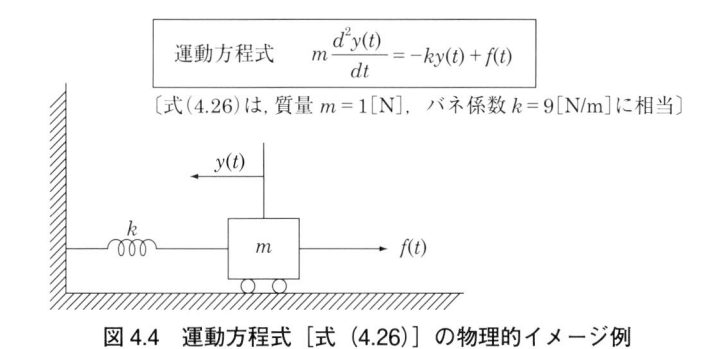

運動方程式 $\quad m\dfrac{d^2y(t)}{dt} = -ky(t) + f(t)$

〔式（4.26）は，質量 $m = 1\,[\text{N}]$，バネ係数 $k = 9\,[\text{N/m}]$ に相当〕

図 4.4 運動方程式［式（4.26）］の物理的イメージ例

外力として $f(t) = A\cos(\beta t)u(t)$ を加えたときのバネの伸び縮みのようすを記述したものである．

最初に，式（3.32）と式（3.35），および式（3.56）を適用し，初期条件（$y(0) = y_0$, $\left.\dfrac{dy(t)}{dt}\right|_{t=0} = y'_0$ と略記する）を考慮して式（4.26）の両辺をラプラス変換すれば，

$$\text{左辺} = \left\{ s^2 Y(s) - sy(0) - \left.\dfrac{dy(t)}{dt}\right|_{t=0} \right\} + 9Y(s) = (s^2+9)Y(s) - (sy_0 + y'_0)$$

$$\text{右辺} = \dfrac{As}{s^2 + \beta^2}$$

となるので，

$$Y(s) = \underbrace{\dfrac{As}{(s^2+\beta^2)(s^2+9)}}_{Y_1(s)} + \underbrace{\dfrac{sy_0 + y'_0}{s^2+9}}_{Y_2(s)} \tag{4.27}$$

と微分方程式の解 $Y(s)$ のラプラス変換が求められる．

このとき，式（4.27）の右辺の第 2 項 $Y_2(s)$ の表関数 $y_2(t)$ は，

$$\begin{aligned}
y_2(t) &= \mathcal{L}^{-1}\left[\dfrac{sy_0 + y'_0}{s^2+9}\right] = \mathcal{L}^{-1}\left[y_0 \times \dfrac{s}{s^2+3^2} + \dfrac{y'_0}{3} \times \dfrac{3}{s^2+3^2}\right] \\
&= y_0 \times \mathcal{L}^{-1}\left[\dfrac{s}{s^2+3^2}\right] + \dfrac{y'_0}{3} \times \mathcal{L}^{-1}\left[\dfrac{3}{s^2+3^2}\right] \\
&= \left\{ y_0 \cos(3t) + \dfrac{y'_0}{3}\sin(3t) \right\} u(t)
\end{aligned} \tag{4.28}$$

となる．一方，式（4.27）の右辺の第 1 項 $Y_1(s)$ は，$\beta \neq 3$ のとき，

$$Y_1(s) = \dfrac{As}{(s^2+\beta^2)(s^2+9)} = \dfrac{as+b}{s^2+\beta^2} + \dfrac{cs+d}{s^2+9}$$

と部分分数分解できるはずであるから，これまで方法と同様の計算により，

$$a = \dfrac{A}{9-\beta^2}, \quad b = 0, \quad c = -\dfrac{A}{9-\beta^2} = -a, \quad d = 0$$

が得られる．ゆえに，第 1 項 $Y_1(s)$ の表関数 $y_1(t)$ は，

$$y_1(t) = \mathcal{L}^{-1}\left[\frac{A}{9-\beta^2} \times \frac{s}{s^2+\beta^2} - \frac{A}{9-\beta^2} \times \frac{s}{s^2+9}\right]$$
$$= \frac{A}{9-\beta^2} \times \mathcal{L}^{-1}\left[\frac{s}{s^2+\beta^2}\right] - \frac{A}{9-\beta^2} \times \mathcal{L}^{-1}\left[\frac{s}{s^2+3^2}\right]$$
$$= \frac{A}{9-\beta^2}\{\cos(\beta t) - \cos(3t)\}u(t) \tag{4.29}$$

となる．また，$\beta = 3$ の場合は，

$$Y_1(s) = \frac{As}{(s^2+9)^2} = \frac{As}{(s^2+3^2)^2}$$

と表されるので，

$$y_1(t) = \frac{A}{6}t\sin(3t)u(t) = \begin{cases} \dfrac{A}{6}t\sin(3t) & ; \quad t \geq 0 \\ 0 & ; \quad t < 0 \end{cases} \tag{4.30}$$

が得られる（**付録 C** を参照）．よって，式（4.26）の微分方程式の解 $y(t)$ は次のようにまとめられる．

$$y(t) = \{y_1(t) + y_2(t)\}u(t)$$
$$= \begin{cases} \left[\dfrac{A}{9-\beta^2}\{\cos(\beta t) - \cos(3t)\} + y_0\cos(3t) + \dfrac{y_0'}{3}\sin(3t)\right]u(t) & ; \quad \beta \neq 3 \\ \left[\dfrac{A}{6}t\sin(3t) + y_0\cos(3t) + \dfrac{y_0'}{3}\sin(3t)\right]u(t) & ; \quad \beta = 3 \end{cases}$$

$$\tag{4.31}$$

以上の結果から，$y_1(t)$ は $\dfrac{d^2y(t)}{dt^2} + 9y(t) = 0$ の一般解に相当し，$y_2(t)$ は初期条件 y_0，y_0' に対する特殊解であることがわかる．特に，$\beta = 3$ のときは時間とともに増大する項 $\dfrac{A}{6}t\sin(3t)$ が含まれ，この項は共振（共鳴）現象と呼ばれるものを表している．実は，この共振現象を利用すれば，人差し指一本で高さ 634 メートルの東京スカイツリーを倒す（**図 4.5**）ことだって夢ではない（!?）．つまり，タワーの固有振動数と同じ周波数の外力を一本の人差し指で加えて共振現象を起こせば，時間の経過とともに振動がどんどん大きくな

105

るわけだ．だから，（理想的には）最後にはタワーが振動の大きさに耐えきれずに倒れることになるのだ．

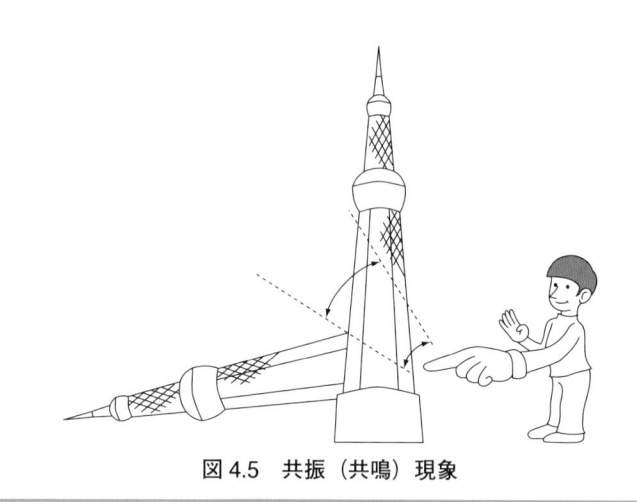

図 4.5　共振（共鳴）現象

4-4　z 変換の意義と変換表の使い方

　z 変換を用いた差分方程式の解法の一般論は後回しにして，簡単な例題を解くプロセスを体験してみよう．

　いま，数列 $\{y_k\}_{k=-\infty}^{k=\infty}$ に対し，$k \geq 0$ において，

$$y_k = 0.8y_{k-1} - 0.15y_{k-2} - 2x_k + 1.2x_{k-1} \tag{4.32}$$

ただし，
$$\begin{cases} y_{-1} = 12, & y_{-2} = 8, & y_k = 0 \quad (k < -2) \\ x_0 = 1, & x_{-1} = -4, & x_k = 0 \quad (k \neq 0, \ -1) \end{cases}$$

の差分方程式を満たす解を z 変換法で求めてみる．

　差分方程式を解く**第 1 ステップ**は，式（4.32）の z 変換を求めて，数列 $\{y_k\}_{k=0}^{k=\infty}$ の z 変換 $Y(z)$ に関する代数方程式を導くことである．すなわち，入出力数列の z 変換をそれぞれ，

$$\begin{cases} Z[x_k] = X(z) = \sum_{k=0}^{\infty} x_k z^{-k} = x_0 = 1 \\ Z[y_k] = Y(z) \end{cases} \quad (4.33)$$

と置けば，z 変換表［**表 1.2** の式（1.43）］に基づき，

$$\begin{cases} Z[x_{k-1}] = z^{-1}X(z) + x_{-1} \\ Z[y_{k-1}] = z^{-1}Y(z) + y_{-1} \\ Z[y_{k-2}] = z^{-2}Y(z) + y_{-2} + y_{-1}z^{-1} \end{cases} \quad (4.34)$$

であるから，線形性および初期条件を考慮して，式（4.32）の右辺の z 変換は次式で与えられる．

$$\begin{aligned} &Z[0.8y_{k-1} - 0.15y_{k-2} - 2x_k + 1.2x_{k-1}] \\ &= 0.8 \times Z[y_{k-1}] - 0.15 \times Z[y_{k-2}] - 2 \times Z[x_k] + 1.2 \times Z[x_{k-1}] \\ &= 0.8 \times \{z^{-1}Y(z) + 12\} - 0.15 \times \{z^{-2}Y(z) + 8 + 12z^{-1}\} - 2X(z) + 1.2 \times \{z^{-1}X(z) - 4\} \\ &= (0.8z^{-1} - 0.15z^{-2})Y(z) + (-2 + 1.2z^{-1})X(z) + (3.6 - 1.8z^{-1}) \end{aligned}$$

よって，式（4.32）の左辺の z 変換は $Y(z)$ なので，

$$Y(z) = (0.8z^{-1} - 0.15z^{-2})Y(z) + (-2 + 1.2z^{-1})X(z) + (3.6 - 1.8z^{-1}) \quad (4.35)$$

の関係が成立する．

第 2 ステップは，式（4.35）から z 変換 $Y(z)$ を代数的に求めることである．すなわち，式（4.35）を変形すると，

$$(1 - 0.8z^{-1} + 0.15z^{-2})Y(z) = (-2 + 1.2z^{-1})X(z) + (3.6 - 1.8z^{-1})$$

となり，最終的に，

$$Y(z) = \frac{-2 + 1.2z^{-1}}{1 - 0.8z^{-1} + 0.15z^{-2}}X(z) + \frac{3.6 - 1.8z^{-1}}{1 - 0.8z^{-1} + 0.15z^{-2}} \quad (4.36)$$

が得られる．式（4.33）より，$X(z) = 1$ なので，式（4.36）は，

$$Y(z) = \frac{1.6 - 0.6z^{-1}}{1 - 0.8z^{-1} + 0.15z^{-2}} \tag{4.37}$$

最後の**第3ステップ**は，z変換 $Y(z)$ から数列 $\{y_k\}_{k=0}^{k=\infty}$ を求めることで，逆z変換の計算である．そこで，逆z変換による計算の流れを示し，式（4.37）のz変換が表す数列 $\{y_k\}_{k=0}^{k=\infty}$ を求めてみよう．最初は，$Y(z)$ の分母項の因数分解からで，

$$1 - 0.8z^{-1} + 0.15z^{-2} = (1 - 0.3z^{-1})(1 - 0.5z^{-1})$$

となり，右辺の $1 - 0.3z^{-1}$，$1 - 0.5z^{-1}$ を因数という．また，$z = 0.3$（$1 - 0.3z^{-1} = 0$ を満たす）および $z = 0.5$（$1 - 0.5z^{-1} = 0$ を満たす）は，$Y(z) = \infty$ となる z の値で極（pole）と呼ばれる．

以上より，式（4.37）を部分分数展開すると，

$$Y(z) = \frac{1.6 - 0.6z^{-1}}{1 - 0.8z^{-1} + 0.15z^{-2}} = \frac{c_1}{1 - 0.3z^{-1}} + \frac{c_2}{1 - 0.5z^{-1}} \tag{4.38}$$

の形式で表され，展開係数 c_1 と c_2 は次のように決定することができる．

例えば，展開係数 c_1 を求めるには，式（4.38）の両辺に因数 $1 - 0.3z^{-1}$ を掛けるのである．その結果，

$$(1 - 0.3z^{-1})Y(z) = \cancel{(1 - 0.3z^{-1})} \frac{1.6 - 0.6z^{-1}}{\cancel{(1 - 0.3z^{-1})}(1 - 0.5z^{-1})}$$
$$= \frac{1.6 - 0.6z^{-1}}{1 - 0.5z^{-1}} = c_1 + (1 - 0.3z^{-1})\left(\frac{c_2}{1 - 0.5z^{-1}}\right) \tag{4.39}$$

となるのだが，変数 z^{-1} に関する恒等式であることを考慮すれば，式（4.39）は変数 z^{-1} のどのような値に対しても成立しなければならない．そこで，因数 $1 - 0.3z^{-1} = 0$ になる根（$z = 0.3$ で，極に相当）を式（4.39）に代入すると，左辺は，

$$\left.\frac{1.6 - 0.6z^{-1}}{1 - 0.5z^{-1}}\right|_{z=0.3} = \left.\frac{1.6z - 0.6}{z - 0.5}\right|_{z=0.3} = \frac{1.6 \times 0.3 - 0.6}{0.3 - 0.5} = \frac{-0.12}{-0.2} = 0.6$$

となる．続いて，右辺にも $z = 0.3$ を代入して，

$$c_1 + (1-0.3z^{-1})\left(\frac{c_2}{1-0.5z^{-1}}\right)\bigg|_{z=0.3} = c_1 + \underbrace{(1-0.3/0.3)\left(\frac{c_2}{1-0.5/0.3}\right)}_{0} = c_1$$

となるので，展開係数 $c_1 = 0.6$ が見事に算出されるのである．

同様に，展開係数 c_2 は式（4.38）の両辺に因数 $1-0.5z^{-1}$ を掛けて，

$$c_2 = (1-0.5z^{-1})X(s) = \cancel{(1-0.5z^{-1})}\frac{1.6-0.6z^{-1}}{(1-0.3z^{-1})\cancel{(1-0.5z^{-1})}}$$

であり，因数 $1-0.5z^{-1}=0$ を満たす根（$z=0.5$ で，極に相当）を代入すればよいので，

$$\frac{1.6-0.6z^{-1}}{1-0.3z^{-1}}\bigg|_{z=0.5} = \frac{1.6z-0.6}{z-0.3}\bigg|_{z=0.5} = \frac{1.6\times 0.5 - 0.6}{0.5 - 0.3} = \frac{0.2}{0.2} = 1$$

となる．

以上より，式（4.37）は，

$$Y(s) = \frac{0.6}{1-0.3z^{-1}} + \frac{1}{1-0.5z^{-1}} \tag{4.40}$$

と部分分数展開されるので，z 変換表［式（2.44）］と線形性を用いると，$Y(z)$ の逆 z 変換として，

$$\begin{aligned}
y_k &= Z^{-1}\left[\frac{0.6}{1-0.3z^{-1}} + \frac{1}{1-0.5z^{-1}}\right] \\
&= 0.6 \times Z^{-1}\left[\frac{1}{1-0.3z^{-1}}\right] + Z^{-1}\left[\frac{1}{1-0.5z^{-1}}\right] \\
&= 0.6 \times (0.3)^k + (0.5)^k \quad ;\quad k \geqq 0
\end{aligned} \tag{4.41}$$

が求められる．これが差分方程式（4.32）の初期値（$x_{-1}=-4$，$y_{-1}=12$，$y_{-2}=8$）を考慮した解となるのである．

そこで，式（4.41）で表される数列の一般式が，$k=0$，1，2，… とし

て式（4.32）の差分方程式を満たすかどうかを検証してみよう．

① $k=0$ の場合, $\begin{cases} y_0 = 0.6 \times (0.3)^0 + (0.5)^0 = 0.6 + 1 = \boxed{1.6} \\ y_0 = 0.8 y_{-1} - 0.15 y_{-2} - 2 x_0 + 1.2 x_{-1} \\ \quad = 0.8 \times 12 - 0.15 \times 8 - 2 \times 1 + 1.2 \times (-4) = \boxed{1.6} \end{cases}$ 一致

② $k=1$ の場合, $\begin{cases} y_1 = 0.6 \times (0.3)^1 + (0.5)^1 = 0.18 + 0.5 = \boxed{0.68} \\ y_1 = 0.8 y_0 - 0.15 y_{-1} - 2 x_1 + 1.2 x_0 \\ \quad = 0.8 \times 1.6 - 0.15 \times 12 - 2 \times 0 + 1.2 \times 1 = \boxed{0.68} \end{cases}$ 一致

③ $k=2$ の場合, $\begin{cases} y_2 = 0.6 \times (0.3)^2 + (0.5)^2 = 0.054 + 0.25 = \boxed{0.304} \\ y_2 = 0.8 y_1 - 0.15 y_0 - 2 x_2 + 1.2 x_1 \\ \quad = 0.8 \times 0.68 - 0.15 \times 1.6 - 2 \times 0 + 1.2 \times 0 = \boxed{0.304} \end{cases}$ 一致

　．．．．．．．．．．．．．．．．．．．．．．．．．．．．．．．

となって一致するので，式（4.32）の差分方程式の解であることが見事に実証された．

一般に，数列 $\{y_k\}_{k=0}^{k=\infty}$ の変数 k が時間 $k\Delta t$［秒］を表すとすれば，時間とともに変動する自然現象やディジタル・システムの問題は時間 k の領域（**k 領域**）で記述される．これを z 変換では，図 4.6 に示すように変数 z の有理関数による表現，すなわち z 領域に変換する．そして，**z 領域**において代数計算を行い，その結果を逆 z 変換することによって k 領域に再び戻す

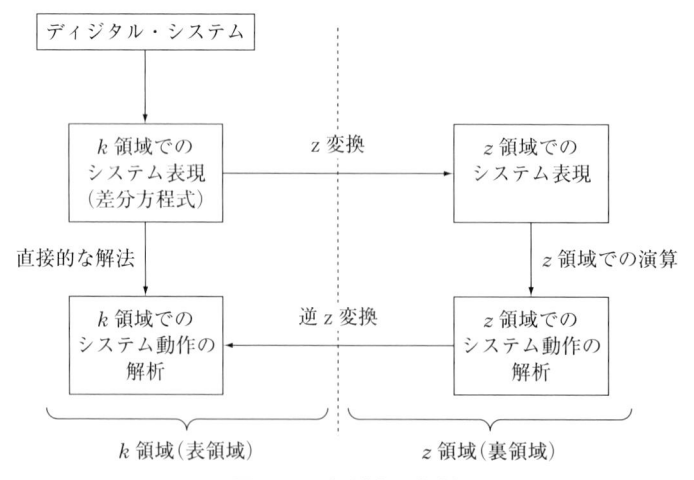

図 4.6　k 領域と z 領域

という回り道をして，差分方程式を解いている．なぜなら，「k領域からz領域に変換したほうが，問題が容易に解ける」からであり，さらには「z領域に変換したほうが現象の本質に迫ることができ，その物理的な意味を直感的に理解することを容易にする」のである．言わば，k領域での漸化式で表される数列の世界が，z領域への変換によって単純な形の有理関数で記述されるシンプルな世界が浮かび上がってくる．

4-5 差分方程式の一般的な解法

一般に，ディジタル・システムは，

$$y_k = a_1 y_{k-1} + a_2 y_{k-2} + \cdots + a_N y_{k-N} \\ + b_0 x_k + b_1 x_{k-1} + \cdots + b_M x_{k-M} \tag{4.42}$$

の差分方程式で表される．ただし，式（4.42）において，$\{a_n\}_{n=1}^{n=N}$ および $\{b_m\}_{m=0}^{m=M}$ はすべて実数とする．

このとき，数列 $\{x_k\}_{k=0}^{k=\infty}$ をこのシステムの**駆動系列**（または，**入力**）と呼び，数列 $\{y_k\}_{k=0}^{k=\infty}$ をシステムの**応答系列**（または，**出力**）と呼ぶことがある（図4.7）．

さて，式（4.42）のz変換による解き方は，前節に述べた例を振り返りながら，大きく次の3つのステップに分けられる．

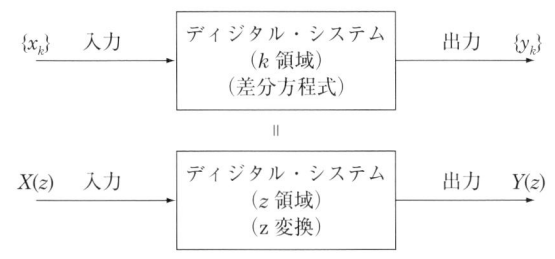

図4.7 ディジタル・システム表現

[第 1 ステップ]　差分方程式を z 変換する

z 変換表および線形性を用いて，式（4.42）の z 領域における関係式を算出する．これは，目的とする応答系列 $\{y_k\}_{k=0}^{k=\infty}$ の z 変換 $Y(z)$ に関する方程式になり，次のように表される．

$$Y(z) = P(z)Y(z) + B(z)X(z) + H_0(z) \quad ; Z[x_k] = X(z), \quad Z[y_k] = Y(z)$$
(4.43)

ここに，$P(z)$，$B(z)$ は変数 z^{-1} に関する多項式で，差分方程式の係数 $\{a_n\}_{n=1}^{n=N}$ と $\{b_m\}_{m=0}^{m=M}$ によって定まり，

$$P(z) = a_1 z^{-1} + a_2 z^{-2} + \cdots + a_N z^{-N} \tag{4.44}$$

$$B(z) = b_0 + b_1 z^{-1} + b_2 z^{-2} + \cdots + b_M z^{-M} \tag{4.45}$$

である．また，$H_0(z)$ は駆動系列と応答系列の初期値 $\{x_k\}_{k=-M}^{k=-1}$ および $\{y_k\}_{k=-N}^{k=-1}$ の初期値に関する項で，一般に次式によって与えられる．

$$\begin{aligned}
H_0(z) = &\, a_1 y_{-1} \\
&+ a_2 \{y_{-2} + y_{-1} z^{-1}\} \\
&+ a_3 \{y_{-3} + y_{-2} z^{-1} + y_{-1} z^{-2}\} \\
&+ \cdots\cdots \\
&+ a_N \{y_{-N} + y_{-N+1} z^{-1} + y_{-N+2} z^{-2} + \cdots + y_{-2} z^{N-2} + y_{-1} z^{N-1}\} \\
&+ b_1 x_{-1} \\
&+ b_2 \{x_{-2} + x_{-1} z^{-1}\} \\
&+ b_3 \{x_{-3} + x_{-2} z^{-1} + x_{-1} z^{-2}\} \\
&+ \cdots\cdots \\
&+ b_M \{x_{-M} + x_{-M+1} z^{-1} + x_{-M+2} z^{-2} + \cdots + x_{-2} z^{M-2} + x_{-1} z^{M-1}\}
\end{aligned}$$
(4.46)

[第 2 ステップ]　応答系列の z 変換 $Y(z)$ を求める

式（4.43）を $Y(z)$ について解き，

$$Y(z) = \frac{B(z)}{1-P(z)} X(z) + \frac{H_0(z)}{1-P(z)} \tag{4.47}$$

を計算する．これは代数的な演算であるから一般に簡単な計算である．

式（4.47）において駆動系列 $\{x_k = 0\}_{k=0}^{k=\infty}$ のときは，$X(z) = 0$ となるから，$Y(z)$ は右辺の第 2 項のみとなる．したがって，第 2 項 $\dfrac{H_0(z)}{1-P(z)}$ はシステムの過渡応答系列の z 変換に相当し，十分に大きな値の変数 k に対してはゼロに近づく．

これに対して，システムの初期値 $\{x_k\}_{k=-M}^{k=-1}$，$\{y_k\}_{k=-N}^{k=-1}$ がすべて 0 のとき（システムが静止状態にあるという）は，$H_0(z) = 0$ となり $Y(z)$ は右辺の第 1 項のみとなる．すなわち，式（4.47）の $\dfrac{B(z)}{1-P(z)} X(z)$ が，駆動系列 $\{x_k\}_{k=0}^{k=\infty}$ に対する定常応答系列 $\{y_k\}_{k=0}^{k=\infty}$ を z 変換したものに相当する．

[第 3 ステップ]　逆 z 変換する

最後に，式（4.47）の応答系列の z 変換 $Y(z)$ に対して逆 z 変換する操作，すなわち **z 変換表を参照する**だけで，目的とする応答系列 $y_k = Z^{-1}[Y(z)]$ が求められる．このとき，工学の多くの応用事例では，$Y(z)$ が有理関数（2 つの多項式の比の形）であることがほとんどであり，その場合には部分分数展開が有効な手段となる．

図 4.8 は，z 変換表を参照する差分方程式の解法ステップを図式的に表現したものである．このように z 領域に変換してから解を求める方法は，漸化式を変形して一般解を求める直接的な解法における煩雑な計算（**1-3** を参照）に比べて，簡便な計算で十分なのである．つまり，z 変換法では《**差分方程式が代数方程式に変換される**》ため，直接的な解法よりもはるかに簡単かつ系統的に解を求めることができる．同時に，《**差分方程式の z 変換したものには，初期条件が自動的に考慮されている**》ことも，z 変換法の特筆すべき特徴である．

113

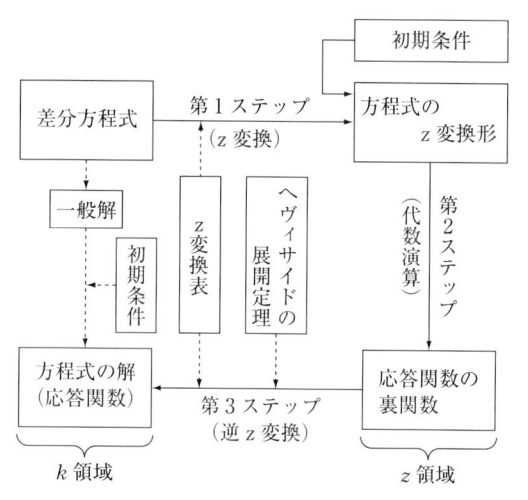

図 4.8　z 変換による差分方程式の解法の流れ

4-6　逆 z 変換の計算公式

いま，応答系列 $\{y_k\}_{k=0}^{k=\infty}$ の z 変換として，

$$Y(z) = \frac{B(z)}{A(z)} \quad ; \quad A(z) = 1 - P(z) = 1 - \sum_{n=1}^{N} a_n z^{-n}, \quad B(z) = \sum_{m=0}^{M} b_m z^{-m} \tag{4.48}$$

の有理関数（$a_N \neq 0$, $b_M \neq 0$）を考え，分母多項式 $A(z) = 0$ が相異なる N 個の根（極）として $\lambda_1, \lambda_2 \cdots, \lambda_N$ を有するとき，

$$A(z) = (1 - \lambda_1 z^{-1})(1 - \lambda_2 z^{-1}) \cdots (1 - \lambda_N z^{-1}) \tag{4.49}$$

と因数分解される．ただし，分子多項式 $B(z)$ の最高次数 M は分母多項式 $A(z)$ の最高次数 N より少なくとも 1 次以上小さいとする．

このとき，$Y(z)$ を部分分数分解して，

$$Y(z) = \frac{c_1}{1-\lambda_1 z^{-1}} + \frac{c_2}{1-\lambda_2 z^{-1}} \cdots + \frac{c_N}{1-\lambda_N z^{-1}} \tag{4.50}$$

と表されるとき，N 個の展開係数 c_1, $\cdots$, c_N を決定するプロセスを以下に示す．

例えば，式（4.50）の両辺に $1-\lambda_1 z^{-1}$ を掛けると，

$$(1-\lambda_1 z^{-1})Y(z) = c_1 + (1-\lambda_1 z^{-1})\left(\frac{c_2}{1-\lambda_2 z^{-1}} + \cdots + \frac{c_N}{1-\lambda_N z^{-1}}\right)$$

と表される．ここで，$z=\lambda_1$ を代入すると $1-\lambda_1 z^{-1}$ なので右辺の値は展開係数 c_1 だけが残る形になり，

$$c_1 = (1-\lambda_1 z^{-1})Y(z)\Big|_{z=\lambda_1} \tag{4.51}$$

となる関係が得られる．他の展開係数についても同様にして，最終的に，

$$c_n = (1-\lambda_n z^{-1})Y(z)\Big|_{z=\lambda_n} \quad ; n=1,\ 2,\ \cdots,\ N \tag{4.52}$$

で求められる．式（4.52）は，**4-3** の「ヘヴィサイドの展開定理」のディジタル版に位置づけられる．

また，展開係数に対し，微分を利用した計算で求める方法も示しておこう．まず，

$$1-\lambda_n z^{-1} = \frac{z-\lambda_n}{z}$$

と表されることから，式（4.50）の部分分数分解は，

$$Y(z) = \frac{c_1 z}{z-\lambda_1} + \frac{c_2 z}{z-\lambda_2} \cdots + \frac{c_N z}{z-\lambda_N} \tag{4.53}$$

と書き換えられる．極 λ_1 を例にとれば，$A(\lambda_1)=0$ なので，

$$A(z) = A(z) - A(\lambda_1)$$

と表せることに基づき，

$$
\begin{aligned}
\lim_{z \to \lambda_1}\left\{(1-\lambda_1 z^{-1})Y(z)\right\} &= \lim_{z \to \lambda_1}\left\{(1-\lambda_1 z^{-1})\frac{B(z)}{A(z)}\right\} \\
&= \lim_{z \to \lambda_1}\left\{\frac{z-\lambda_1}{z}\frac{B(z)}{A(z)-A(\lambda_1)}\right\} \\
&= \lim_{z \to \lambda_1}\frac{B(z)}{z \cdot \dfrac{A(z)-A(\lambda_1)}{z-\lambda_1}} = \frac{\displaystyle\lim_{z \to \lambda_1}B(z)}{\displaystyle\lim_{z \to \lambda_1} z \cdot \dfrac{A(z)-A(\lambda_1)}{z-\lambda_1}}
\end{aligned}
$$

(4.54)

となる．よって，式（4.54）の分子と分母はそれぞれ，

$$\lim_{z \to \lambda_1} B(z) = B(z)\Big|_{z=\lambda_1} \tag{4.55}$$

$$\lim_{z \to \lambda_1} z \cdot \frac{A(z)-A(\lambda_1)}{z-\lambda_1} = z\frac{dA}{dz}\Big|_{z=\lambda_1} = zA^{(1)}(z)\Big|_{z=\lambda_1} \tag{4.56}$$

で計算できる．ここで，式（4.56）は分母多項式 $A(z)$ を z で微分した関数 $\dfrac{dA(z)}{dz}=A^{(1)}(z)$ に，$z=\lambda_1$ を代入した値に相当する．

以上より，式（4.51），式（4.54）～式（4.56）を考慮して，

$$c_1 = \frac{B(z)}{zA^{(1)}(z)}\Bigg|_{z=\lambda_1} \tag{4.57}$$

となる関係が得られる．他の展開係数についても同様にして，最終的に，

※ 関数 $g(x)$ の $x=a$ における1階微分の定義は，

$$\lim_{x \to a}\frac{g(x)-g(a)}{x-a} = \frac{dg(x)}{dx}\Big|_{x=a}$$

で与えられ，関数 $g(x)$ を $A(z)$，変数 x を z，$x=a$ を $z=\lambda_1$ に対応付けたものに相当する．

$$c_n = \left.\frac{B(z)}{zA^{(1)}(z)}\right|_{z=\lambda_n} \quad ; \quad n=1, 2, \cdots, N \tag{4.58}$$

と一般化できる．

ナットクの例題 4-4

式（4.58）を利用して，次の z 変換 $Y(z)$ の部分分数分解を求めよ．

$$Y(z) = \frac{1.6 - 0.6z^{-1}}{1 - 0.8z^{-1} + 0.15z^{-2}} \qquad [\text{4-4 の式（4.37）の再掲}]$$

[答えはこちら→]

$Y(z)$ の分母多項式は，$1 - 0.8z^{-1} + 0.15z^{-2} = (1 - 0.3z^{-1})(1 - 0.5z^{-1})$ とを因数分解できるので，$Y(z)$ は次のように部分分数展開される．

$$Y(z) = \frac{c_1}{1 - 0.3z^{-1}} + \frac{c_2}{1 - 0.5z^{-1}}$$

このとき，展開係数 c_1 と c_2 の算出するために，式（4.58）を適用する．

$$c_1 = \left.\frac{1.6 - 0.6z^{-1}}{z\dfrac{d}{dz}(1 - 0.8z^{-1} + 0.15z^{-2})}\right|_{z=0.3} = \left.\frac{1.6 - 0.6z^{-1}}{0.8z^{-1} - 0.3z^{-2}}\right|_{z=0.3}$$

$$= \left.\frac{1.6z^2 - 0.6z}{0.8z - 0.3}\right|_{z=0.3} = \frac{1.6 \times (0.3)^2 - 0.6 \times 0.3}{0.8 \times 0.3 - 0.3} = \frac{-0.036}{-0.06} = 0.6$$

$$c_2 = \left.\frac{1.6 - 0.6z^{-1}}{z\dfrac{d}{dz}(1 - 0.8z^{-1} + 0.15z^{-2})}\right|_{z=0.5} = \left.\frac{1.6 - 0.6z^{-1}}{0.8z^{-1} - 0.3z^{-2}}\right|_{z=0.5}$$

$$= \left.\frac{1.6z^2 - 0.6z}{0.8z - 0.3}\right|_{z=0.5} = \frac{1.6 \times (0.5)^2 - 0.6 \times 0.5}{0.8 \times 0.5 - 0.3} = \frac{0.1}{0.1} = 1$$

得られた結果は，式（4.40）の部分分数の展開係数に一致し，微分を利用する計算方法の妥当性が検証できた．なお，分母多項式 $1 - 0.8z^{-1} + 0.15z^{-2}$ の

微分計算は，合成関数の微分法※を利用して，

$$\frac{d}{dz}(1-0.8z^{-1}+0.15z^{-2}) = (0.8+0.3z^{-1}) \times (-z^{-2}) = 0.8z^{-2} - 0.3z^{-3}$$

を導いている．

※ **合成関数の微分法**

$y = f(w)$, $w = g(z)$ であるとき，$y = f(g(z))$ を $y = f(w)$ と $w = g(z)$ の合成関数という．このとき，$y = f(w)$, $w = g(z)$ がともに微分可能ならば，

$$\frac{df(z)}{dz} = \frac{df(w)}{dw} \cdot \frac{dw}{dz} = \frac{df(w)}{dw} \cdot \frac{dg(z)}{dz}$$

$$\frac{dy}{dz} = \frac{dy}{dw} \cdot \frac{dw}{dz}$$

が成立する．以下に，計算例を示す．

[例 1] $y = (-z^2 + 7z + 5)^3$ で $w = -z^2 + 7z + 5$ とおくと，$y = w^3$ なので，

$$\frac{dy}{dz} = \frac{dy}{dw} \cdot \frac{dw}{dz} = 3w^2 \cdot (-2z+7) = 3(-z^2+7z+5)^2 \cdot (-2z+7)$$

[例 2] $y = 3 + z^{-1} - 5z^{-2} - 4z^{-3}$ で $w = z^{-1}$ とおくと，$y = 3 + w - 5w^2 - 4w^3$ なので，

$$\frac{dy}{dz} = \frac{dy}{dw} \cdot \frac{dw}{dz} = (1 - 10w - 12w^2) \cdot (-z^{-2}) = -z^{-2} + 10z^{-3} + 12z^{-4}$$

4-7 線形システムと畳み込み処理

ここでは，線形性（**3-1** を参照）を有するシステム（これ以後，線形システムと表記）における入力信号と出力信号との関係はいったいどのように表されるのか，考えてみよう．

|アナログ・システムとラプラス変換|

少なくとも簡単な和や積の形では無理そうなので，まずは入力信号を細かく分解し，分解された部分波形のそれぞれに対する応答を調べることから開始しよう．

まず，入力信号を**図 4.9**のように多数の縦長の細いパルス信号に分解することを考える．いま，アナログ・システムに，高さが 1 で幅 Δt の方形パルスが入力されたとしよう．この入力信号を，

$$\varphi(t) = \begin{cases} 1 & ; \quad 0 \leq t \leq \Delta t \\ 0 & ; \quad t < 0 \;,\; \Delta t < t \end{cases} \tag{4.59}$$

と表し，この信号に対する応答（出力といっても同じ）が，

$$\tilde{h}(t) \quad (t \geq 0) \tag{4.60}$$

であったとする（**図 4.10**）．

それでは，時刻 $t = t_0 = 0$ において高さが $x(t_0)$ で，幅 Δt の方形パルスをシステムに加えてみる．すると，入力信号は $\varphi(t)$ を $x(t_0)$ 倍したものなので，その出力も $\tilde{h}(t)$ を $x(t_0)$ 倍したものとなり，出力信号は $x(t_0)\tilde{h}(t)$ と表される．

次に，$t = t_1 = \Delta t$ において高さが $x(t_1)$ で幅 Δt の方形パルスが加わったときの出力信号を表してみよう．入力信号が t_1 だけ遅れているので，

$$x(t_1)\varphi(t - t_1) \tag{4.61}$$

と表される．そのため，出力信号も t_1 だけ遅れることになり，その大きさは $x(t_1)$ 倍に等しく，

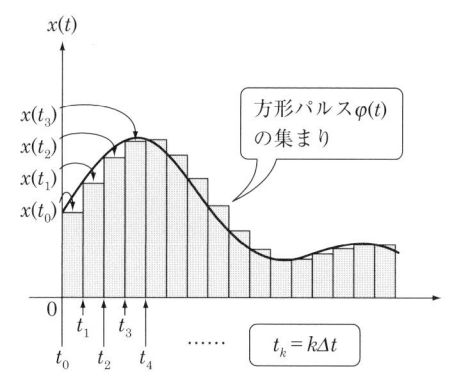

図 4.9　入力信号を細かく分解して考えてみる

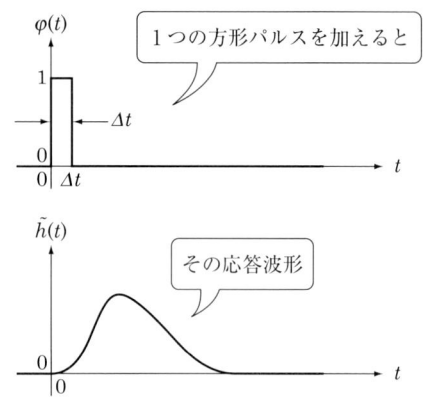

図4.10 1つの方形パルスだけを考えてみる

$$x(t_1)\tilde{h}(t-t_1) \tag{4.62}$$

と表される．

このように考えていくと，$t=t_k=k\Delta t$（$k=2, 3, 4, \cdots$）でも同様だから，式（4.61）や式（4.62）の結果をまとめれば，表4.1のようになるだろう．

本来の入力信号は連続した曲線だが，これを幅Δtのたんざく状の方形パルスの集まりとして近似的に表現しようとしていたことを思い出そう．方形パルスの集まりというのは，総和（Σ）にほかならないから，入力信号 $x(t)$ は，

$$x(t) \fallingdotseq \sum_{k=0}^{\infty} x(t_k)\varphi(t-t_k) \quad ; \quad t_k = k\Delta t \tag{4.63}$$

と近似的に表せることになる．

結局，1つ1つのたんざく状の方形パルスに対するそれぞれの応答波形を加算したものが最終的な出力信号になるというふうに考えて，応答波形 $y(t)$ は近似的に，

$$y(t) \fallingdotseq \sum_{k=0}^{\infty} x(t_k)\tilde{h}(t-t_k) \quad ; \quad t_k = k\Delta t \tag{4.64}$$

と表せるのである（図4.11）．

表 4.1　入出力信号の方形パルスによる表現

時刻 t [秒]	入力信号 $x(t)$	出力信号 $y(t)$
$t_0 = 0$	$x(t_0)\varphi(t-t_0)$	$x(t_0)\tilde{h}(t-t_0)$
$t_1 = \Delta t$	$x(t_1)\varphi(t-t_1)$	$x(t_1)\tilde{h}(t-t_1)$
$t_2 = 2\Delta t$	$x(t_2)\varphi(t-t_2)$	$x(t_2)\tilde{h}(t-t_2)$
$\vdots$	$\vdots$	$\vdots$
$t_k = k\Delta t$	$x(t_k)\varphi(t-t_k)$	$x(t_k)\tilde{h}(t-t_k)$
$\vdots$	$\vdots$	$\vdots$

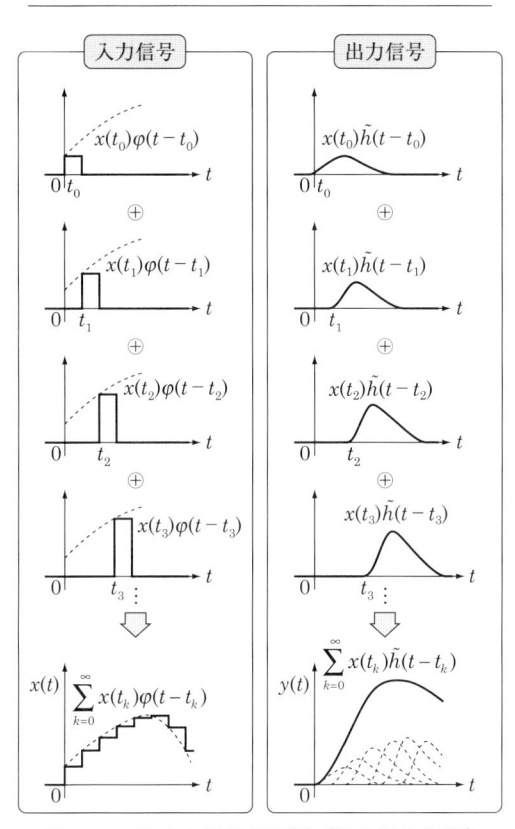

図 4.11　入出力信号の関係（畳み込み処理）

◆畳み込み処理（コンボルーション）

　ここで得られた式（4.64）は，入力信号をたんざく状に分解したディジタル波形に対する応答であるので，アナログ信号に対する出力応答はたん

ざくの幅 Δt を無限小とすることによって得られる．無限小（$\Delta t \to 0$）とすることで，式（4.64）は積分の形になる．そこで，積分の変数 t_k を τ とおき，

$$x(t_k) \to x(\tau), \quad \tilde{h}(t-t_k) \to h(t-\tau), \quad \Delta t \to d\tau \quad (4.65)$$

という対応付けを行うことで，最終的に入力 $x(t)$ に対するシステムの出力 $y(t)$ は，

$$y(t) = \int_0^\infty x(\tau)h(t-\tau)d\tau = x(t) * h(t) \quad (4.66)$$

と表される．

式（4.66）は，アナログ・システムの入力と出力の関係を表す重要な式だ．これは，関数 $x(t)$ とインパルス応答 $h(t)$ との**畳み込み処理**（あるいは，**コンボルーション**；convolution，アスタリスク記号「＊」で表す）と呼ばれている．また，証明は省略するが，$x(t)$ と $h(t)$ は交換しても同じで，

$$y(t) = \int_{-\infty}^\infty h(\tau)x(t-\tau)d\tau = h(t) * x(t) \quad (4.67)$$

と表せる．

以上より，畳み込み処理の定義式（4.66）の意味の要点をまとめておこう．例えば，$x(t)$ というのが「時刻ゼロでスイッチを閉じたときに，ある電気回路に流れる電流値」を表すものとするとき，

$$\begin{cases} x(\tau) & ：時刻 \tau という一瞬の時点での電流値 \\ h(t-\tau) & ：時刻 t（つまり，時刻 \tau の瞬間から計って，時間 t-\tau だけ \\ & \quad 経過した時点）における，回路のインパルス応答に相当す \\ & \quad る電流値 \end{cases}$$

である．このとき，スイッチを閉じた時刻ゼロの瞬間からずっと先の時間経過に対して，時々刻々の電流値 $x(\tau)$ に回路のインパルス応答 $h(t-\tau)$ を掛けたうえで，それを積分するというのが，畳み込み処理の定義式（4.66）の意味なのだ．「ある瞬間に対する応答だけではなく，時刻ゼロからずっと先にわたって積み重なった応答の総合計を勘定することができる」とい

うのが，畳み込み処理の大まかな図式である．

◆畳み込み処理のラプラス変換は掛け算に化ける！

次に，式（4.66）の畳み込み処理はアナログ・システムの応答を時間領域で表現するものであるが，ラプラス変換するとどのように表されるのかを考えてみたい．いま，インパルス応答 $h(t)$ のラプラス変換を $H(s)$，入力信号 $x(t)$ および出力信号 $y(t)$ のラプラス変換をそれぞれ，

$$X(s) = \mathcal{L}[x(t)] = \int_0^\infty x(t)e^{-st}dt, \quad Y(s) = \mathcal{L}[y(t)] = \int_0^\infty y(t)e^{-st}dt$$

と表す．これら3つのラプラス変換 $H(s)$，$X(s)$，$Y(s)$ にどのような関係があるのか，まずは結論を示すと，

$$Y(s) = H(s)X(s) \tag{4.68}$$

> 時間領域での畳み込み処理として表されるアナログ・システムの入出力関係は，周波数領域ではラプラス変換の積の形で表される

ということになる（図4.12）．式（4.68）の関係はたいへんに重要であり，ラプラス変換の特筆すべき性質なので，しっかりと覚えておこう．念のため，(4.68) が成立する理由を示しておく．畳み込み処理の定義式（4.66）の両辺をラプラス変換してみる．

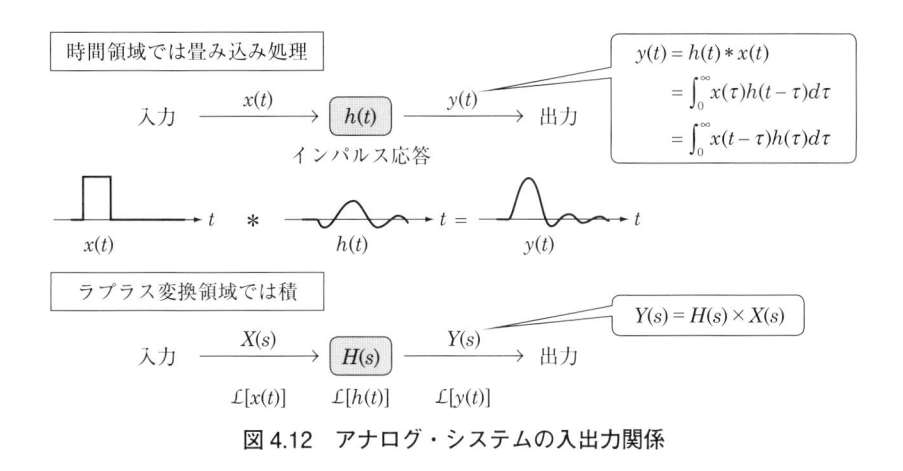

図 4.12　アナログ・システムの入出力関係

$$Y(s) = \mathcal{L}[x(t) * h(t)]$$
$$= \mathcal{L}\left[\int_0^\infty x(\tau)h(t-\tau)d\tau\right]$$
$$= \int_0^\infty \left\{\int_0^\infty x(\tau)h(t-\tau)d\tau\right\}e^{-st}dt$$

ここで積分の順序を換えると（換えてもよいことになっている），

$$Y(s) = \int_0^\infty x(\tau)\left\{\int_0^\infty h(t-\tau)e^{-st}dt\right\}d\tau$$
$$= \int_0^\infty x(\tau)\left\{\int_0^\infty h(t-\tau)e^{-s(t-\tau)}dt\right\}e^{-s\tau}d\tau \quad (\because\ t=(t-\tau)+\tau\ を代入)$$

と変形される．このように，$e^{-s\tau}$ をくくり出す形にしたのは，ラプラス変換を導き出すためだ．さらに，$t-\tau=u$ とおけば，$dt=du$ だから，

$$Y(s) = \int_0^\infty x(\tau)\left\{\int_0^\infty h(u)e^{-su}du\right\}e^{-s\tau}d\tau$$

となり，{ } 内は明らかにインパルス応答 $h(t)$ のラプラス変換 $H(s)$ となるので，つまるところ，

$$Y(s) = \int_0^\infty x(\tau)H(s)e^{-s\tau}d\tau$$
$$= H(s)\int_0^\infty x(\tau)e^{-s\tau}d\tau$$
$$= H(s)X(s)$$

が得られることになる．したがって，

$$Y(s) = \mathcal{L}[x(t)*h(t)] = H(s)X(s) \tag{4.69}$$

と，畳み込み処理のラプラス変換が計算できたというわけである．
　ところで，インパルス波形 $\delta(t)$ のラプラス変換対は，式（2.34）より，

$$\delta(t) \Leftrightarrow 1$$

であるので，入力 $x(t)$ としてインパルス波形 $\delta(t)$（ラプラス変換 $X(s)=1$）を加えたときのアナログ・システム応答出力のラプラス変換は，式（4.68）より，

$$Y(s) = H(s) \tag{4.70}$$

となる．インパルス応答を知ることができれば，アナログ・システムの中身がわかるという寸法なのだ．

ナットクの例題 4-5

いま，あるアナログ・システムのインパルス応答 $h(t)$ を，
$$h(t) = \begin{cases} 2e^{-t} & ; \ t \geq 0 \\ 0 & ; \ t < 0 \end{cases}$$

とするとき，入力信号 $x(t) = \begin{cases} 5 & ; 0 \leq t \leq 3 \\ 0 & ; t < 0, \ t > 3 \end{cases}$ に対する出力 $y(t)$ を求めよ．

[答えはこちら→]

最初は，畳み込み処理の定義式（4.66）に基づき，計算する．

インパルス応答 $h(t)$ を反転して $h(-t)$ を作って，時間をずらしながら式（4.66）の積分値を求めるわけで，$t<0$，$0 \leq t \leq 3$，$3<t$ の場合に分けて考える（図4.13）．

$t<0$ のとき

図4.13（a）より明らかに，$y(t) = \int_{-\infty}^{\infty} x(\tau) h(t-\tau) d\tau = 0$ となる．

$0 \leq t \leq 3$ のとき

図4.13（b）より，$y(t) = \int_0^t 5 \times \{2e^{-(t-\tau)}\} d\tau$ なので，

$$y(t) = 10e^{-t}[e^{\tau}]_{\tau=0}^{\tau=t} = 10e^{-t}(e^t - e^0) = 10(1 - e^{-t})$$

となる．

$3<t$ のとき

図4.13（c）より，$y(t) = \int_0^3 5 \times \{2e^{-(t-\tau)}\} d\tau$ なので，

$$y(t) = 10e^{-t}[e^{\tau}]_{\tau=0}^{\tau=3} = 10e^{-t}(e^3 - e^0) = 10(1 - e^{-3})e^{-(t-3)}$$

となる．

次に，式（4.69）のラプラス変換における関係を利用して求めてみる．まず，インパルス応答 $h(t)$ と入力信号 $x(t)$ のラプラス変換を求める（表3.1，［ナッ

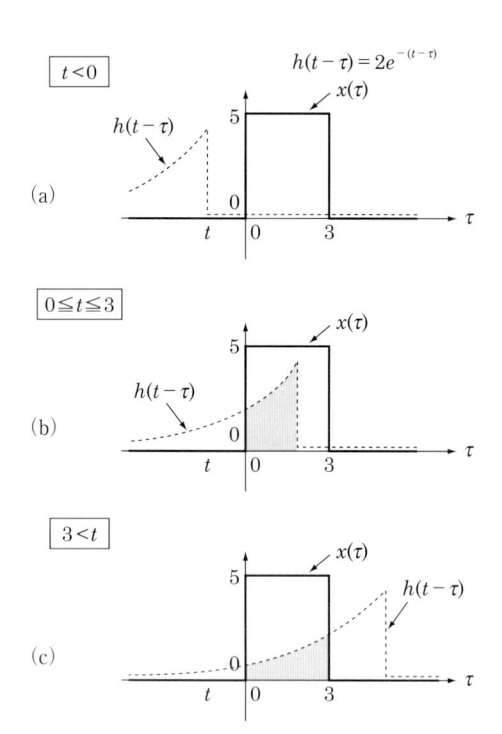

図 4.13　畳み込み処理［式（4.66）］による出力信号計算

トクの例題 3-1］の①を参照）．

$$\begin{cases} H(s) = \mathcal{L}[h(t)] = \dfrac{2}{s+1} \\ X(s) = \mathcal{L}[x(t)] = \dfrac{5}{s} - \dfrac{5}{s}e^{-3s} \end{cases}$$

以上より，式（4.69）を適用すれば，出力 y(t) のラプラス変換 Y(s) は，

$$Y(s) = H(s)X(s) = \frac{10}{s(s+1)} - \frac{10}{s(s+1)}e^{-3s}$$

となるので，部分分数分解する．

$$Y(s) = \left\{\frac{10}{s} - \frac{10}{s+1}\right\} - \left\{\frac{10}{s} - \frac{10}{s+1}\right\}e^{-3s}$$
$$= \frac{10}{s} - \frac{10}{s+1} - \frac{10}{s}e^{-3s} + \frac{10}{s+1}e^{-3s}$$

ここで，$Y(s)$ の各項のラプラス変換対は，

$$\begin{cases} \dfrac{10}{s} & \Leftrightarrow \quad 10u(t) = \begin{cases} 10 & ; \ t \geq 0 \\ 0 & ; \ t < 0 \end{cases} \\[6pt] \dfrac{10}{s+1} & \Leftrightarrow \quad 10e^{-t}u(t) = \begin{cases} 10e^{-t} & ; \ t \geq 0 \\ 0 & ; \ t < 0 \end{cases} \\[6pt] \dfrac{10}{s}e^{-3s} & \Leftrightarrow \quad 10u(t-3) = \begin{cases} 10 & ; \ t \geq 3 \\ 0 & ; \ t < 3 \end{cases} \\[6pt] \dfrac{10}{s+1}e^{-3s} & \Leftrightarrow \quad 10e^{-(t-3)}u(t-3) = \begin{cases} 10e^{-(t-3)} & ; \ t \geq 3 \\ 0 & ; \ t < 3 \end{cases} \end{cases}$$

であるから，$Y(s)$ のラプラス逆変換として出力 $y(t)$ は $t<0$，$0 \leq t \leq 3$，$3<t$ の場合に分けて，

$$y(t) = \begin{cases} 0 & ; \ t < 0 \\ 10 - 10e^{-t} & ; \ 0 \leq t < 3 \\ 10e^{-t+3} - 10e^{-t} = 10(1-e^{-3})e^{-(t-3)} & ; \ 3 \leq t \end{cases}$$

と表される．得られた結果は，畳み込み積分した値に一致し，ラプラス変換表を利用するだけでよいので，積分計算よりも楽できよう．

ディジタル・システムと z 変換

今度は，あるディジタル・システムにインパルス波形 $\{\delta_k\}_{k=-\infty}^{k=\infty}$ を入力したときの応答出力を $\{h_k\}_{k=0}^{k=\infty}$ とするとき，入力 $\{x_k\}_{k=-\infty}^{k=\infty}$ に対する出力 $\{y_k\}_{k=-\infty}^{k=\infty}$ を求めてみよう（図 **4.14**）．ただし，$x_k = h_k = 0$ （$k<0$）とする．

さて，入力信号 $\{x_k\}_{k=-\infty}^{k=\infty}$ はインパルス波形 $\{\delta_k\}_{k=-\infty}^{k=\infty}$ の重ね合わせとみなせば，

$$x_k = x_0\delta_k + x_1\delta_{k-1} + x_2\delta_{k-2} + \cdots = \sum_{n=0}^{\infty} x_n\delta_{k-n} \tag{4.71}$$

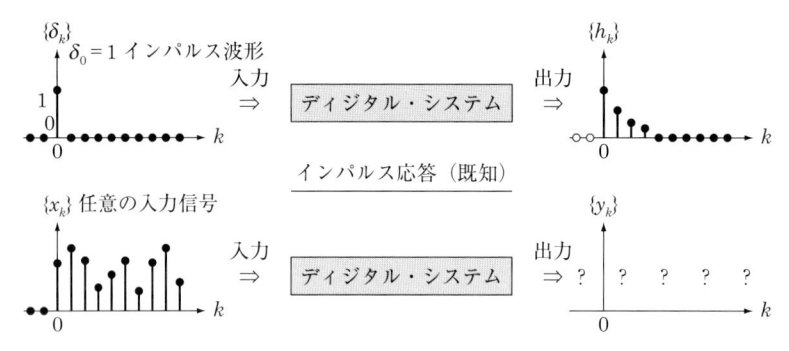

図 4.14　インパルス応答に基づく出力信号は？

と表される．このとき，入力 $x_0 \delta_k$ に対する応答出力 $\{y_k^{(0)}\}_{k=-\infty}^{k=\infty}$ は，インパルス応答 $\{h_k\}_{k=-\infty}^{k=\infty}$ を用いて，

$$y_k^{(0)} = x_0 h_k$$

と表される．同様に，入力 $x_1 \delta_{k-1}$，$x_2 \delta_{k-2}$，…に対する応答出力 $\{y_k^{(1)}\}_{k=-\infty}^{k=\infty}$，$\{y_k^{(2)}\}_{k=-\infty}^{k=\infty}$，…はそれぞれ，

$$y_k^{(1)} = x_1 h_{k-1}, \quad y_k^{(2)} = x_2 h_{k-2}, \quad \cdots$$

となるので，すべての応答出力の重ね合わせたものとして総和を採ることにより，入力 $\{x_k\}_{k=-\infty}^{k=\infty}$ に対する応答出力 $\{y_k\}_{k=-\infty}^{k=\infty}$ が求められる（**図 4.15**）．すなわち，

$$\begin{aligned} y_k &= y_k^{(0)} + y_k^{(1)} + y_k^{(2)} + \cdots \\ &= x_0 h_k + x_1 h_{k-1} + x_2 h_{k-2} + \cdots = \sum_{n=0}^{\infty} x_n h_{k-n} \end{aligned} \qquad (4.72)$$

と表され，積和計算による畳み込み処理（コンボリューション；convolution）と呼ばれる．

具体的には，$x_k = h_k = 0$（$k<0$）を考慮して，

$$\begin{cases} y_0 = x_0 h_0 \\ y_1 = x_0 h_1 + x_1 h_0 \\ y_2 = x_0 h_2 + x_1 h_1 + x_2 h_0 \\ y_3 = x_0 h_3 + x_1 h_2 + x_2 h_1 + x_3 h_0 \\ \quad \vdots \end{cases} \qquad (4.73)$$

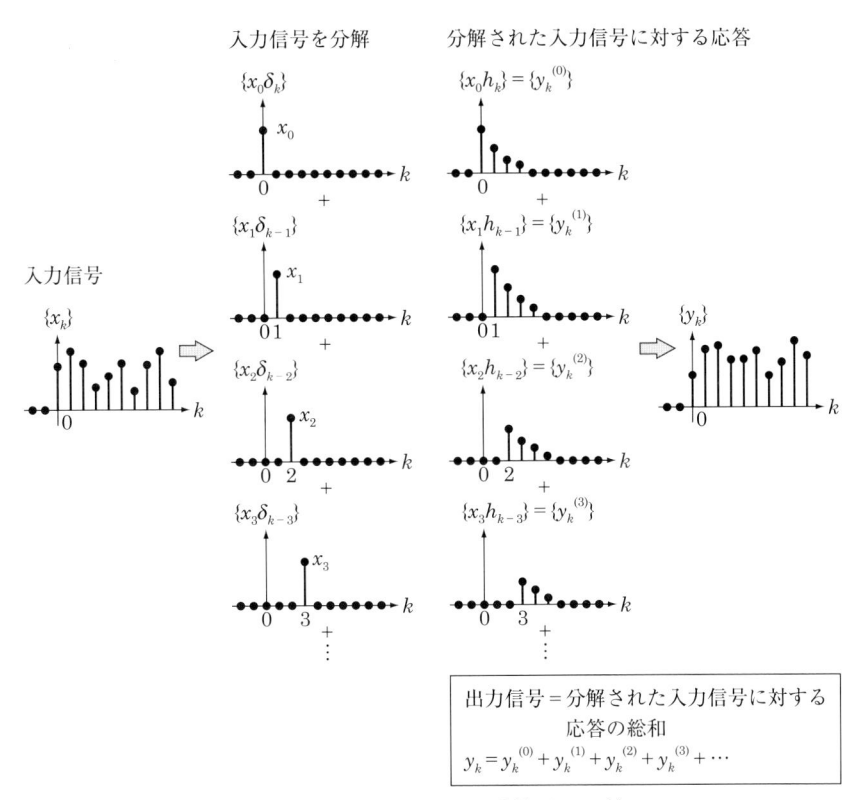

図 4.15 畳み込み処理の計算イメージ

となる．このように畳み込み処理では，出力 y_k は $k=\ell+m$ となる ℓ と m のすべての組み合わせに対して $x_\ell h_m$ の総和を求めればよいことがわかる．つまり，インパルス応答 $\{h_k\}_{k=-\infty}^{k=\infty}$ の時間軸を反転し，1 サンプル時間ずつ遅らせて（右に平行移動させて），入力 $\{x_k\}_{k=-\infty}^{k=\infty}$ との積和を計算すればよいのである（**図 4.16**）．なお，式（4.72）は，

$$y_k = \sum_{n=0}^{\infty} x_{k-n} h_n \tag{4.74}$$

と表すこともできる．

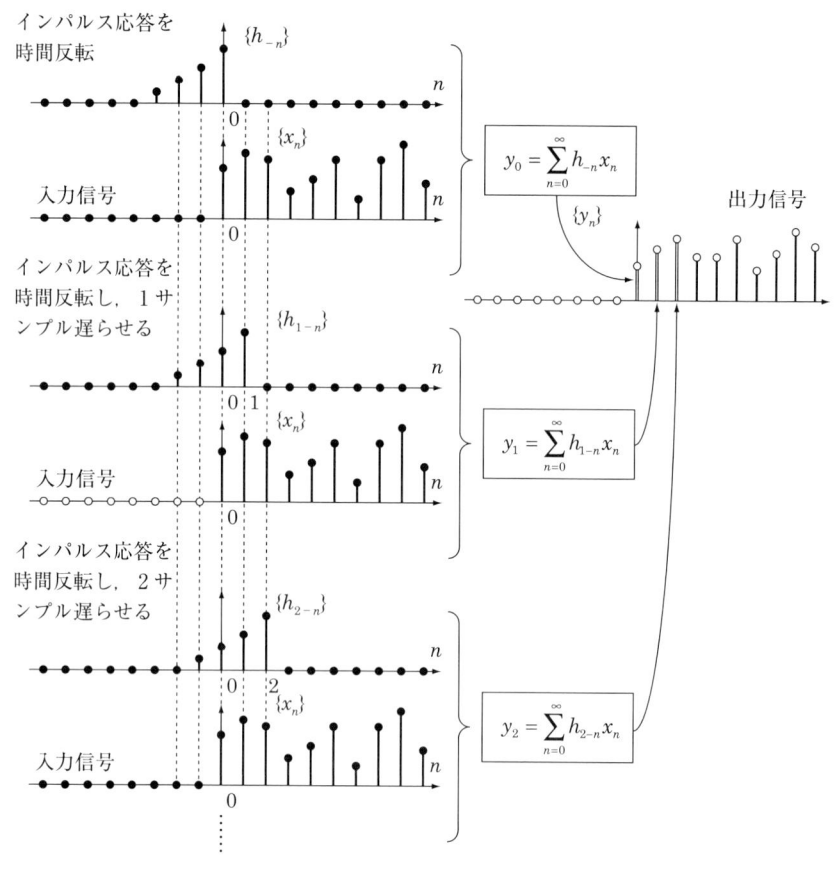

図4.16 畳み込み処理［式（4.72）］による出力計算

◆畳み込み処理の z 変換は掛け算に化ける！

次に，式（4.73）の出力信号 $\{y_k\}_{k=-\infty}^{k=\infty}$ の z 変換 $Y(z)$ を求めてみよう．z 変換の定義を思い出してもらうと，

$$Y(z) = y_0 + y_1 z^{-1} + y_2 z^{-2} + y_3 z^{-3} + \cdots$$
$$= x_0 h_0 + \{x_0 h_1 + x_1 h_0\} z^{-1} + \{x_0 h_2 + x_1 h_1 + x_2 h_0\} z^{-2}$$
$$+ \{x_0 h_3 + x_1 h_2 + x_2 h_1 + x_3 h_0\} z^{-3} + \cdots$$

であり，h_0，h_1，h_2，h_3，…について整理することによって，

$$Y(z) = h_0 \left\{ x_0 + x_1 z^{-1} + x_2 z^{-2} + x_3 z^{-3} + \cdots \right\}$$
$$+ h_1 z^{-1} \left\{ x_0 + x_1 z^{-1} + x_2 z^{-2} + x_3 z^{-3} + \cdots \right\}$$
$$+ h_2 z^{-2} \left\{ x_0 + x_1 z^{-1} + x_2 z^{-2} + x_3 z^{-3} + \cdots \right\}$$
$$+ h_3 z^{-3} \left\{ x_0 + x_1 z^{-1} + x_2 z^{-2} + x_3 z^{-3} + \cdots \right\}$$
$$\vdots$$

と式変形できる．さらに，共通項をくくり出せば，

$$Y(z) = \left\{ h_0 + h_1 z^{-1} + h_2 z^{-2} + h_3 z^{-3} + \cdots \right\} \left\{ x_0 + x_1 z^{-1} + x_2 z^{-2} + x_3 z^{-3} + \cdots \right\}$$

となるので，

$$\begin{cases} h_0 + h_1 z^{-1} + h_2 z^{-2} + h_3 z^{-3} + \cdots = H(z) \\ x_0 + x_1 z^{-1} + x_2 z^{-2} + x_3 z^{-3} + \cdots = X(z) \end{cases} \tag{4.75}$$

と表せば，

$$Y(z) = H(z)X(z) \tag{4.76}$$

となる関係式が得られる．

ところで，式（4.75）より，$H(z)$ はインパルス応答 $\{h[k]\}_{k=-\infty}^{k=\infty}$ の z 変換，$X(z)$ は入力信号 $\{x[k]\}_{k=-\infty}^{k=\infty}$ の z 変換であることに気づかれるであろう．つまり，

時間領域での畳み込み処理として表されるディジタル・システムの入出力関係は，周波数領域では z 変換の積の形で表される

ということになる．

ところで，インパルス波形 $\{\delta_k\}_{k=-\infty}^{k=\infty}$ の z 変換対は，式（2.37）より，

$$\delta_k \iff 1$$

であるので，入力 $x(t)$ としてインパルス波形 $\{\delta_k\}_{k=-\infty}^{k=\infty}$（z 変換 $X(z) = 1$）を加えたときのディジタル・システム応答出力の z 変換は，式（4.76）より，

$$Y(z) = H(z) \tag{4.77}$$

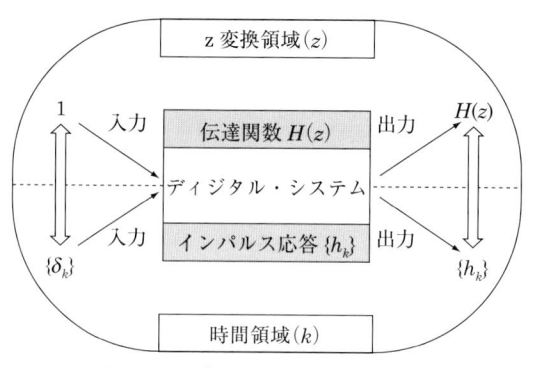

図 4.17 z 変換のシステム論的解釈

となる．インパルス応答を知ることができれば，ディジタル・システムの中身がわかるということなのだ．このようにインパルス波形 $\{\delta_k\}_{k=-\infty}^{k=\infty}$ を仲立ちにして，z 変換領域と時間領域における伝達関数表現が密接に関連付けられるのである（図 4.17）．

ナットクの例題 4-6

いま，あるディジタル・システムのインパルス応答 $\{h_k\}_{k=-\infty}^{k=\infty}$ を，

$$h_k = \begin{cases} 0 & ; \quad k<1,\ 4<k \\ 5 & ; \quad k=1,\ 2,\ 3,\ 4 \end{cases}$$

とするとき，入力信号 $\{x_k = h_k\}_{k=-\infty}^{k=\infty}$ に対する出力 $\{y_k\}_{k=-\infty}^{k=\infty}$ を求めよ．

[答えはこちら→]

最初は，畳み込み処理の定義式（4.72）に基づき，計算する．

$$\begin{cases} y_0 = x_0 h_0 = 0 \times 0 = 0 \\ y_1 = x_0 h_1 + x_1 h_0 = 0 \times 5 + 5 \times 0 = 0 \\ y_2 = x_0 h_2 + x_1 h_1 + x_2 h_0 = 0 \times 5 + 5 \times 5 + 5 \times 0 = 25 \\ y_3 = x_0 h_3 + x_1 h_2 + x_2 h_1 + x_3 h_0 = 0 \times 5 + 5 \times 5 + 5 \times 5 + 5 \times 0 = 50 \\ y_4 = x_0 h_4 + x_1 h_3 + x_2 h_2 + x_3 h_1 + x_4 h_0 = 0 \times 5 + 5 \times 5 + 5 \times 5 + 5 \times 5 + 5 \times 0 \\ \quad = 75 \\ \qquad \vdots \end{cases}$$

次に，式（4.76）の z 変換における関係を利用して求めてみる．まず，インパルス応答 $\{h_k\}_{k=-\infty}^{k=\infty}$ と入力信号 $\{x_k\}_{k=-\infty}^{k=\infty}$ の z 変換を求める．

$$\begin{cases} H(z) = \mathcal{Z}[h_k] = 5z^{-1} + 5z^{-2} + 5z^{-3} + 5z^{-4} \\ X(z) = \mathcal{Z}[x_k] = 5z^{-1} + 5z^{-2} + 5z^{-3} + 5z^{-4} (= H(z)) \end{cases}$$

以上より，式（4.76）を適用すれば，出力 $\{y_k\}_{k=-\infty}^{k=\infty}$ の z 変換 $Y(z)$ は，

$$\begin{aligned} Y(z) &= H(z)X(z) = (5z^{-1} + 5z^{-2} + 5z^{-3} + 5z^{-4})^2 \\ &= 25z^{-2} + 50z^{-3} + 75z^{-4} + 100z^{-5} + 75z^{-6} + 50z^{-7} + 25z^{-8} \end{aligned}$$

となるので，z 変換の定義を考慮すれば，出力 $\{y_k\}_{k=-\infty}^{k=\infty}$ は，

$$\begin{cases} y_k = 0 \quad (k < 2, \quad k > 8) \\ y_2 = 25, \quad y_3 = 50, \quad y_4 = 75, \quad y_5 = 100, \quad y_6 = 75, \quad y_7 = 50, \quad y_8 = 25 \end{cases}$$

で与えられる．

第5章 ラプラス変換によるアナログ・システム解析を理解しよう

　ここでは，ラプラス変換の適用手順を紹介するために，アナログ・システムの具体例として電気回路を取り上げることにする．一般に，電気回路は微積分方程式で記述されるが，ラプラス変換にはこうした方程式の解法手順を簡単にするだけでなく，伝達関数（あるいはシステム関数）の概念につながる内容が含まれる．

　さらには，この概念は電気回路の設計において基本となるものであり，インピーダンス（あるいはアドミタンス）量を表す数式表現との関連性をも導くので，電気回路において重要である．

5-1 回路素子とラプラス変換

　まずは，電気回路を構成する3種類の素子として，抵抗 R，コイル L，コンデンサ C を取り上げて，電圧と電流の関係に基づき，各素子のラプラス変換上での表現を知ることから始めよう．それぞれの素子の特性は，時間軸上で端子間電圧 $v(t)$ と素子に流れる電流 $i(t)$ の関係として次のように表される．

　　抵抗　　　　$v(t) = Ri(t)$ ；R の物理単位［Ω，オーム］　　　(5.1)

　　コイル　　　$v(t) = L\dfrac{di(t)}{dt}$ ；L の物理単位［H，ヘンリー］(5.2)

　　コンデンサ　$i(t) = C\dfrac{dv(t)}{dt}$ ；C の物理単位［F，ファラッド］(5.3)

このとき，電圧 $v(t)$ と電流 $i(t)$ のラプラス変換をそれぞれ，

$$V(s) = \int_0^\infty v(t)e^{-st}dt \tag{5.4}$$

$$I(s) = \int_0^\infty i(t)e^{-st}dt \tag{5.5}$$

と定義して，ラプラス変換上における各素子の回路表現を求めてみる．以後，時間領域で表現された回路を「**表回路**」，ラプラス変換領域で表現された回路を「**裏回路**」と呼ぶことにする．

◆抵抗 R

　最初に，式 (5.1) を式 (5.4) に代入すると，容易に次式が導かれる．

$$V(s) = \int_0^\infty v(t)e^{-st}dt = R\underbrace{\int_0^\infty i(t)e^{-st}dt}_{I(s)} = RI(s) \tag{5.6}$$

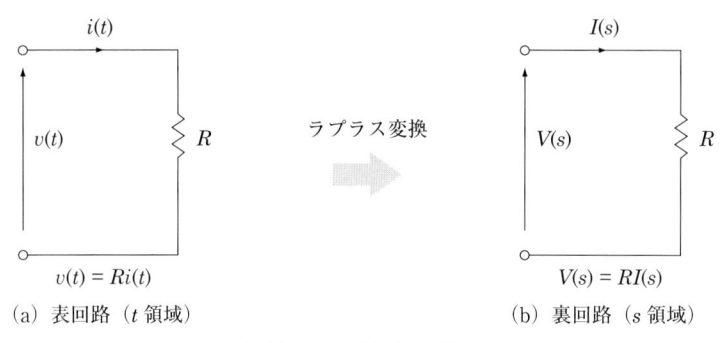

図 5.1 (a) 表回路（t 領域）: $v(t) = Ri(t)$
図 5.1 (b) 裏回路（s 領域）: $V(s) = RI(s)$

図 5.1　抵抗 R の裏回路

すなわち，抵抗の裏回路は図 5.1 のようになり，電圧 $V(s)$ と電流 $R = V(s)/I(s)$ の比例係数として抵抗 R が定義でき，オームの法則を満たす．

◆コイル L

時間微分に関するラプラス変換対［式 (3.32)，あるいは**付録 B を参照**］，すなわち，

$$\frac{di(t)}{dt} \Leftrightarrow sI(s) - i(0) \tag{5.7}$$

の関係を利用して，式 (5.2) の両辺をラプラス変換すれば，次式が導かれる．

$$V(s) = L(sI(s) - i(0)) = sLI(s) - Li(0) \tag{5.8}$$

この結果から，コイルの裏回路を考えてみると，回路が変化する直前にコイルに流れていた初期電流値 $i(0)$ を含む形で，電流の流れる向きに注意して，図 5.2 のように表される．ここで，初期電流 $i(0) = 0$ のときは，

$$V(s) = sLI(s) \tag{5.9}$$

なる関係が成立し，$s = j\omega = j2\pi f$（ω [rad/秒] は角周波数，f [Hz] は周波数）とおくことにより，

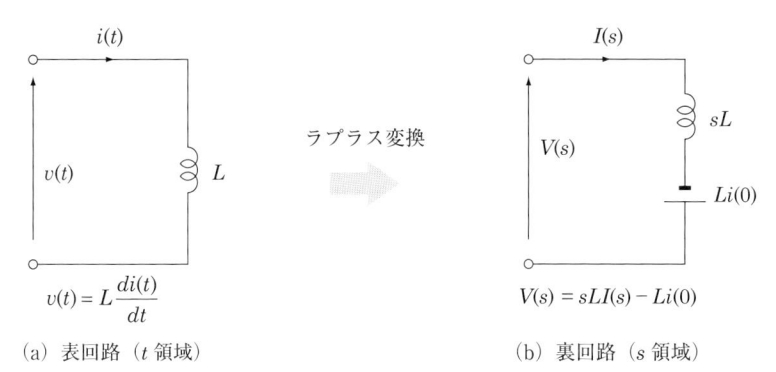

```
         i(t)                                    I(s)
   ○────→────┐                             ○────→────┐
   │         │                             │         ⌇
   │         ⌇                             │         ⌇ sL
   │         ⌇                             │         ⌇
  v(t)       ⌇ L              ラプラス変換    V(s)      │
   │         ⌇                ⇒             │       ─┬─ Li(0)
   │         │                             │         │
   ○─────────┘                             ○─────────┘

   v(t) = L di(t)/dt                        V(s) = sLI(s) − Li(0)

   (a) 表回路（t 領域）                       (b) 裏回路（s 領域）
```

図 5.2　コイル L の裏回路

$$V(j\omega) = j\omega L I(j\omega) \tag{5.10}$$

となる※．コイルの交流インピーダンス $j\omega L$ に一致することから，ラプラス変換上での表現 sL は**コイルの過渡インピーダンス**と呼ばれる．

◆コンデンサ C

コイルの場合と同様にして，時間微分に関するラプラス変換対として，

$$\frac{dv(t)}{dt} \Leftrightarrow sV(s) - v(0) \tag{5.11}$$

の関係より，式（5.3）は，

$$I(s) = C(sV(s) - v(0)) = sCV(s) - Cv(0) \tag{5.12}$$

とラプラス変換され，$V(s)$ について解けば，

$$V(s) = \frac{1}{sC}I(s) + \frac{v(0)}{s} \tag{5.13}$$

※　交流インピーダンス $j\omega L$ の "$j\omega$" は，複素正弦波の電流 $i(t) = e^{j\omega t}$ を時間微分して現れるパラメータで，コイルの周波数に対する特性変化を表す．

となる．よって，コンデンサの裏回路は，回路が変化する直前にコンデンサの初期電圧 $v(0)$ に依存した電圧源 $\dfrac{v(0)}{s}$ を含む形で，充電電圧の極性（±）に注意して，図 5.3 のように表される．ここで，初期電圧 $v(0) = 0$ のときは，

$$V(s) = \frac{1}{sC} I(s) \tag{5.14}$$

なる関係が成立し，$s = j\omega$ とおくことにより，

$$V(j\omega) = \frac{1}{j\omega C} I(j\omega) \tag{5.15}$$

となる※．コンデンサの交流インピーダンス $\dfrac{1}{j\omega C}$ に一致することから，ラプラス変換上での表現 $\dfrac{1}{sC}$ は**コンデンサの過渡インピーダンス**とよばれる．

以上の関係より，sL と $\dfrac{1}{sC}$ は抵抗 R と同じ比例係数となっていることがわかる．これらをまとめて示すと，

(a) 表回路（t 領域）

$$v(t) = \frac{1}{C} \int_{-\infty}^{t} i(\tau) d\tau$$

(b) 裏回路（s 領域）

$$V(s) = \frac{1}{sC} I(s) + \frac{v(0)}{s}$$

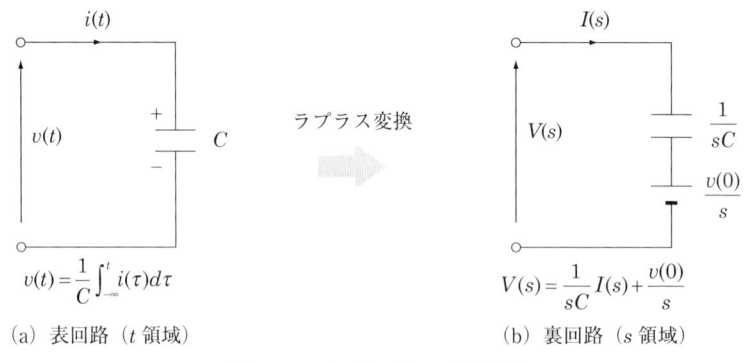

図 5.3　コンデンサ C の裏回路

※ 交流インピーダンス $\dfrac{1}{j\omega C} = \dfrac{1}{j\omega} \times \dfrac{1}{C}$ の "$\dfrac{1}{j\omega}$" は，複素正弦波の電流 $i(t) = e^{j\omega t}$ を時間積分して現れるパラメータで，コンデンサの周波数に対する特性変化を表す．

$$V(s) = Z(s)I(s) \tag{5.16}$$

ただし，$Z(s) = R$（抵抗），sL（コイル），$\dfrac{1}{sC}$（コンデンサ）

となり，その逆数 $Y(s) = \dfrac{1}{Z(s)}$ として，

$$Y(s) = \frac{1}{R}\ (抵抗),\ \frac{1}{sL}\ (コイル),\ sC\ (コンデンサ)$$

は**過渡アドミタンス**と呼ばれる．

5-2 電気回路のラプラス変換を用いた表現とその解

　一般に，抵抗，コイル，コンデンサと電源の接続の仕方には，直列，並列，直並列など複雑な形態がある．例えば，図 5.4（a）のような電気回路を考えてみよう．このとき，回路素子と電源の接続状態を見るだけなら点と線で表す図 5.4（b）で十分．この図において，細線 $\ell_1 \sim \ell_6$ は**枝**（ブランチ，branch）と呼ばれ，枝の合流点 a 〜 d は**節点**（ノード，node）という．また，$(\ell_1 \to \ell_4 \to \ell_2)$，$(\ell_2 \to \ell_5 \to \ell_3)$，$(\ell_4 \to \ell_6 \to \ell_5)$ で作られ

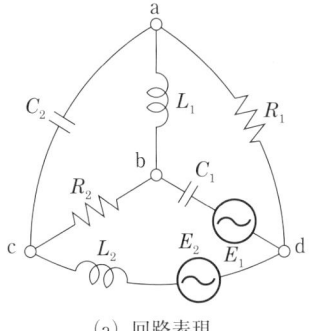

(a) 回路表現 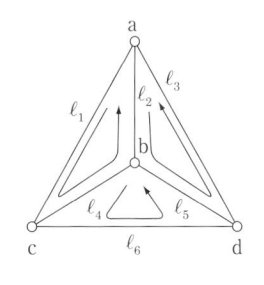　　　　(b) グラフ表現

図 5.4　電気回路

る周回路（ループ，loop）を**閉路**と呼んでいる．

ところで，電気回路においては，次のようなキルヒホッフの法則が知られている．

[電流則（キルヒホッフの第 1 法則）]

図 5.5 に示すように，回路の任意の節点において，そこに流れ込む電流と流れ出す電流の代数和は 0（ゼロ）になる．すなわち，

$$\sum_{n=1}^{N} i_n(t) = 0 \tag{5.17}$$

となる．ただし，節点に流れ込む場合をプラス（＋，正）に，流れ出す場合をマイナス（－，負）に採る．

[電圧則（キルヒホッフの第 2 法則）]

図 5.6 に示すように，回路の任意の閉路を採れば，**閉路に含まれる電源の起電力と各素子の電圧降下の代数和は 0（ゼロ）になる**．すなわち，

$$\sum_{n=1}^{N} v_n(t) + \sum_{m=1}^{M} e_m(t) = 0 \tag{5.18}$$

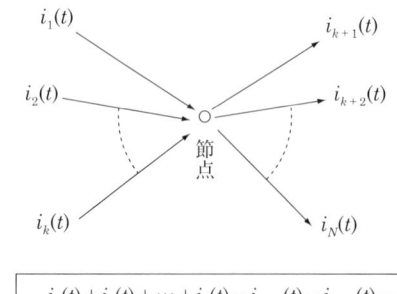

(t 領域)　　$i_1(t) + i_2(t) + \cdots + i_k(t) - i_{k+1}(t) - i_{k+2}(t) - i_N(t) = 0$

(s 領域)　　$I_1(s) + I_2(s) + \cdots + I_k(s) - I_{k+1}(s) - I_{k+2}(s) - I_N(s) = 0$

図 5.5　電流則（キルヒホッフの第 1 法則）

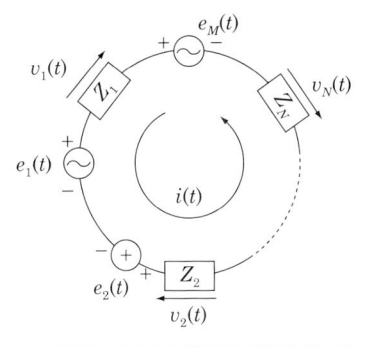

図 5.6 電圧則（キルヒホッフの第 2 法則）

(t 領域)　$\{v_1(t) + v_2(t) + \cdots + v_N(t)\} + \{e_1(t) - e_2(t) + \cdots - e_M(t)\} = 0$

(s 領域)　$\{V_1(s) + V_2(s) + \cdots + V_N(s)\} + \{E_1(s) - E_2(s) + \cdots - E_M(s)\} = 0$

となる．ここで，代数和というのは，電圧の向きを考えて総和計算することを意味する．

一方，時間軸上におけるキルヒホッフの法則［式（5.17），式（5.18）］はラプラス変換しても同じように表されることは明々白々であり，

$$\sum_{n=1}^{N} I_n(s) = 0 \tag{5.19}$$

$$\sum_{n=1}^{N} V_n(s) + \sum_{m=1}^{M} E_m(s) = 0 \tag{5.20}$$

となる関係が成立する．したがって，ラプラス変換した裏回路は，過渡インピーダンスを抵抗のように考えれば，直流回路と同じように扱ってよいことになる．これこそがラプラス変換の，この上ないメリットなのである．なお，このように時間軸上の表回路をラプラス変換した形の裏回路として扱うと，最後に時間波形を求めるときにラプラス逆変換が必要になる．その際には，第 4 章の **4-1** で述べた部分分数分開（ヘヴィサイドの展開定理）が，この逆変換計算の強力なツールとなって，たいへん重宝する．

以上の準備のもとに，**図 5.7** に示すような電気回路の入出力応答を時間軸上で直接求めようとすると，式（5.1）〜式（5.3）の回路素子の基本式

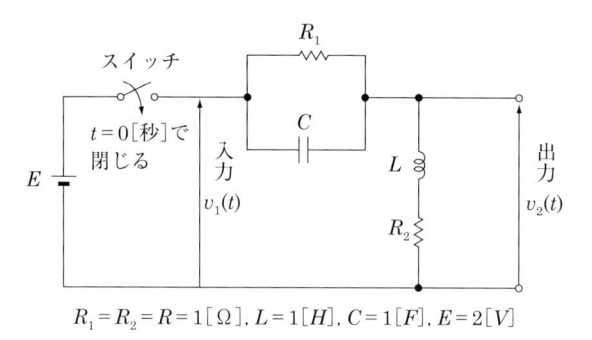

図 5.7 直並列回路の構成例

$R_1 = R_2 = R = 1[\Omega]$, $L = 1[H]$, $C = 1[F]$, $E = 2[V]$

を図 5.7 に適用して回路方程式を導き出さなければならない．そこで，抵抗 R_1，コンデンサ C，コイル L と抵抗 R_2 の直列回路に流れる電流を順に $i(t)$, $i_C(t)$, $i_L(t)$ と表すとき，オームの法則とキルヒホッフの法則を考慮することにより，

$$\begin{cases} i(t) = \dfrac{v_1(t) - v_2(t)}{R_1} = \dfrac{v_1(t) - v_2(t)}{R} \\ i_C(t) = C\dfrac{d\{v_1(t) - v_2(t)\}}{dt} \\ i_L(t) = i(t) + i_C(t) \\ v_2(t) = L\dfrac{di_L(t)}{dt} + R_2 i_L(t) = L\dfrac{di_L(t)}{dt} + R i_L(t) \\ v_1(t) = Eu(t) = \begin{cases} E & ; t \geqq 0 \\ 0 & ; t < 0 \end{cases} \end{cases} \quad (5.21)$$

で記述される関係が得られる（図 5.8）．ここに，式 (5.21) において，電流変数 $i(t)$, $i_C(t)$, $i_L(t)$ を消去すれば，

$$\begin{aligned} v_2(t) = & L\dfrac{d}{dt}\left[\dfrac{v_1(t) - v_2(t)}{R} + C\dfrac{d}{dt}\{v_1(t) - v_2(t)\}\right] \\ & + R\left[\dfrac{v_1(t) - v_2(t)}{R} + C\dfrac{d}{dt}\{v_1(t) - v_2(t)\}\right] \end{aligned}$$

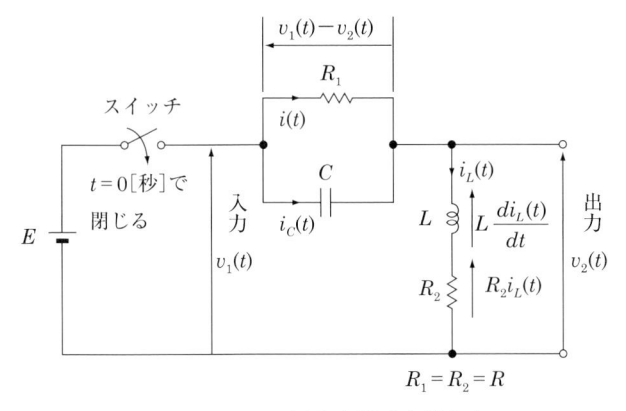

図 5.8　図 5.7 の回路方程式を導出する

となり，さらに式を整理することで入力電圧 $v_1(t)$ と出力電圧 $v_2(t)$ の関係として，

$$LC\frac{d^2 v_2(t)}{dt^2} + \left(\frac{L}{R} + CR\right)\frac{dv_2(t)}{dt} + 2v_2(t) = LC\frac{d^2 v_1(t)}{dt^2} + \left(\frac{L}{R} + CR\right)\frac{dv_1(t)}{dt} + v_1(t)$$

(5.22)

で表される定係数の微分方程式が得られる．しかしながら，式（5.22）の微分方程式を満たす解を求めるに際しては，非常に煩雑な計算が必要で，おそらく計算途中で解くことを諦めざるを得ない状況に陥ってしまうであろう．

そこで，ラプラス変換が，煩雑な計算を回避するための便法として提案されたわけで，以下では計算手順の要点だけをまとめて，式（5.22）の電気回路の微分方程式を解いてみよう（ラプラス変換のもつ極意の一端を，ご堪能頂きたい）．

第 1 ステップは，初期電圧（$v_C(0) = 0$）や初期電流（$i_L(0) = 0$）を考慮し，図 5.1 〜図 5.3 を参考にして，微分方程式の解を算出するための裏回路を描いてみるのである（図 5.9）．すると，点線の枠で囲って示すように考えると，入力 $V_1(s)$ と出力 $V_2(s)$ の関係は，

$$V_2(s) = \frac{Z_2(s)}{Z_1(s) + Z_2(s)} V_1(s) \tag{5.23}$$

図 5.9　図 5.7 の裏回路

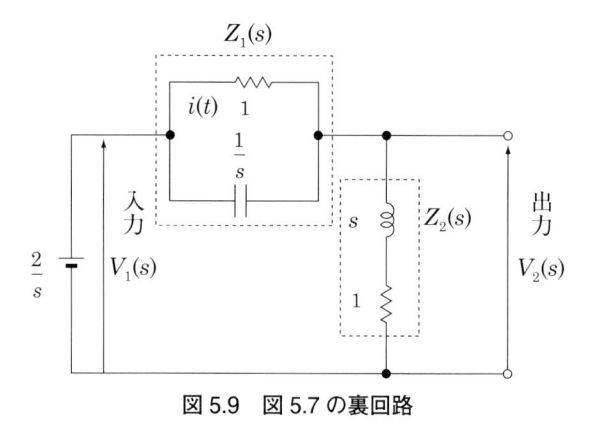

となる．ここに，$Z_1(s)$ はコンデンサ $\dfrac{1}{sC}$ と抵抗 R_1 を並列に接続した過渡インピーダンス，$Z_2(s)$ はコイル sL と抵抗 R_2 を直列接続した過渡インピーダンスであるから，それぞれ，

$$Z_1(s) = \frac{1}{sC + \dfrac{1}{R_1}} = \frac{1}{s+1}$$

$$Z_2(s) = sL + R_2 = s+1$$

で与えられる．また，入力は 2[V] の階段状電圧であるから $V_1(s) = \dfrac{2}{s}$ である．

以上より，これらを式 (5.23) に代入して整理すると，

$$\begin{aligned}
V_2(s) &= \frac{s+1}{\dfrac{1}{s+1} + (s+1)} \cdot \frac{2}{s} \\
&= \frac{(s+1)^2}{1+(s+1)^2} \cdot \frac{2}{s} \\
&= \frac{s+1}{(s+1)^2+1^2} + \frac{1}{(s+1)^2+1^2} + \frac{1}{s}
\end{aligned} \qquad (5.24)$$

と部分分数展開式が得られる．最後のステップは，出力 $V_2(s)$ をラプラス

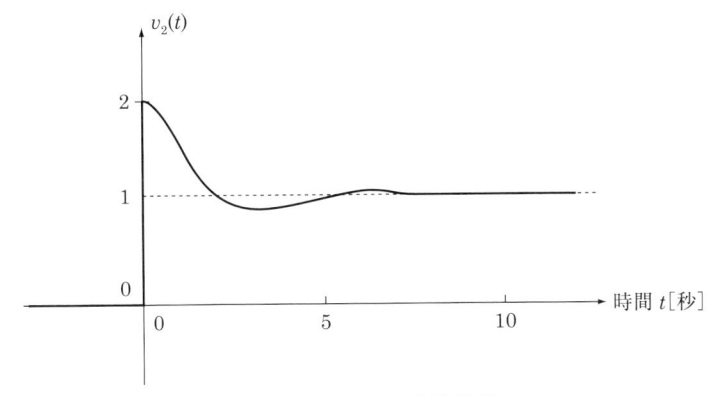

図5.10　図5.7の出力応答波形 $v_2(t)$

逆変換すれば，応答出力 $v_2(t) = \mathcal{L}^{-1}[V_2(s)]$ として，

$$v_2(t) = e^{-t}\cos(t)u(t) + e^{-t}\sin(t)u(t) + u(t)$$
$$= \begin{cases} e^{-t}\cos(t) + e^{-t}\sin(t) + 1 & ; t \geq 0 \\ 0 & ; t < 0 \end{cases} \quad (5.25)$$

が求められる（**ナットクの例題3-5**，あるいは**付録A**を参照）．これが式(5.22)の微分方程式の解であり，微分方程式を直接的に解くことなく，直流と同様な手順で間接的な簡略計算（関数の四則計算，ラプラス変換表の適用）によって，**図5.7**の電気回路の出力応答 $v_2(t)$ が算出できるというわけだ（**図5.10**）．

5-3　過渡応答の解析

　電気回路にスイッチを入れたり，回路素子値の変動が発生したときに，過渡的に起こる電圧や電流の変化のようすを過渡応答という．以下では，簡単な例題とともに，**図5.1**〜**図5.3**の回路素子のラプラス変換と，**表5.1**に示すラプラス変換対を利用して，実際の電気回路システムの過渡応答の解析にチャレンジしてみたい．

表 5.1　ラプラス変換対

$\delta(t)$	$\Leftrightarrow$	1	(5.26)
$t \to t - T$	$\Leftrightarrow$	e^{-sT} を乗じる	(5.27)
$u(t)$	$\Leftrightarrow$	$\dfrac{1}{s}$	(5.28)
$e^{\alpha t} u(t)$	$\Leftrightarrow$	$\dfrac{1}{s - \alpha}$	(5.29)
$\sin(\omega t) u(t)$	$\Leftrightarrow$	$\dfrac{\omega}{s^2 + \omega^2}\quad (\omega > 0)$	(5.30)
$\cos(\omega t) u(t)$	$\Leftrightarrow$	$\dfrac{s}{s^2 + \omega^2}\quad (\omega > 0)$	(5.31)

◆RL 回路の過渡応答

いま，図 5.11（a）の RL 回路のスイッチを $t = 0$［秒］で閉じたときの電流応答 $i(t)$ を求めてみよう．

まず，$t = 0$ でスイッチを入れるという操作は，単位ステップ波形 $u(t)$ に同じであり，図 5.11（b）の表回路で表すことができる．

以上より，$t > 0$ における裏回路（表回路をラプラス変換したもの）を求める．図 5.1，図 5.2，式（5.28）を適用することで図 5.11（c）の裏回路

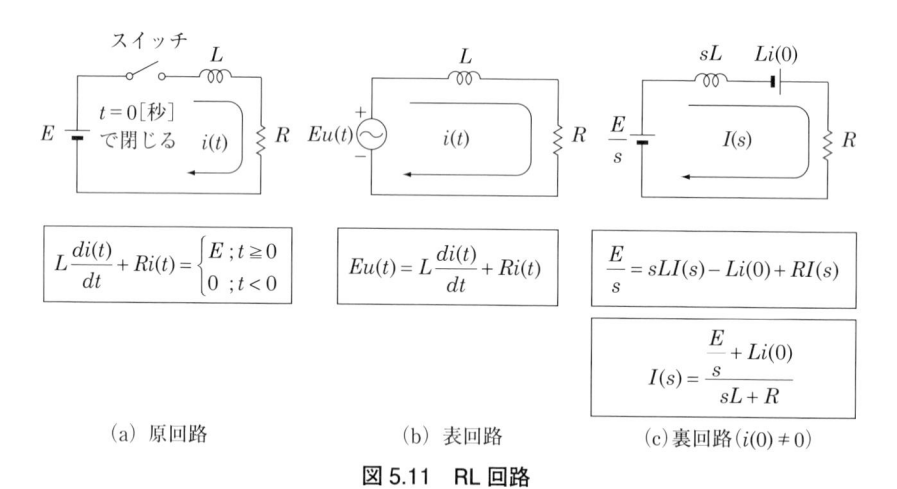

$$L\frac{di(t)}{dt} + Ri(t) = \begin{cases} E\,; t \geq 0 \\ 0\,; t < 0 \end{cases}$$

$$Eu(t) = L\frac{di(t)}{dt} + Ri(t)$$

$$\frac{E}{s} = sLI(s) - Li(0) + RI(s)$$

$$I(s) = \frac{\dfrac{E}{s} + Li(0)}{sL + R}$$

(a) 原回路　　(b) 表回路　　(c) 裏回路 $(i(0) \neq 0)$

図 5.11　RL 回路

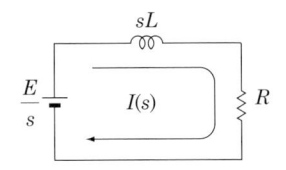

図 5.12　図 5.11 (a) の裏回路

が得られるわけだが，スイッチが閉じられる直前にコイルを流れる初期電流 $i(0)$ は 0 であるので，最終的に図 5.12 の裏回路が得られる．次に，図 5.12 の裏回路に対して，オームの法則やキルヒホッフの法則などを利用して，各素子の電圧や電流を計算する．

図 5.12 より，回路を流れる電流 $i(t)$ のラプラス変換 $I(s)$ が，

$$I(s) = \frac{\frac{E}{s}}{sL+R} = \frac{E}{s}\frac{1}{sL+R} = \frac{E/L}{s(s+R/L)} = \frac{E}{R}\left\{\frac{R/L}{s(s+R/L)}\right\}$$

と求められ，さらに { } の中を部分分数展開すれば，

$$I(s) = \frac{E}{R}\left\{\frac{1/\tau}{s(s+1/\tau)}\right\} = \frac{E}{R}\left(\frac{1}{s} - \frac{1}{s+1/\tau}\right) \tag{5.32}$$

$$\text{ただし，}\quad \tau = \frac{L}{R}\quad [秒] \tag{5.33}$$

となる．したがって，式 (5.29) より，$\alpha = -1/\tau$ なので，

$$\frac{1}{s+\frac{1}{\tau}} \Leftrightarrow e^{-\frac{1}{\tau}t}u(t) = \begin{cases} e^{-\frac{1}{\tau}t} & ;t\geq 0 \\ 0 & ;t<0 \end{cases} \tag{5.34}$$

というラプラス変換対より回路電流 $i(t)$ は次式で与えられる（図 5.13）．

$$i(t) = \frac{E}{R}\left(u(t) - e^{-\frac{1}{\tau}t}u(t)\right) = \begin{cases} \frac{E}{R}\left(1 - e^{-\frac{1}{\tau}t}\right) & ;t\geq 0 \\ 0 & ;t<0 \end{cases} \tag{5.35}$$

ここに，$\tau = L/R$ は RL 回路の時定数と呼ばれ，回路内部の変化状態（過

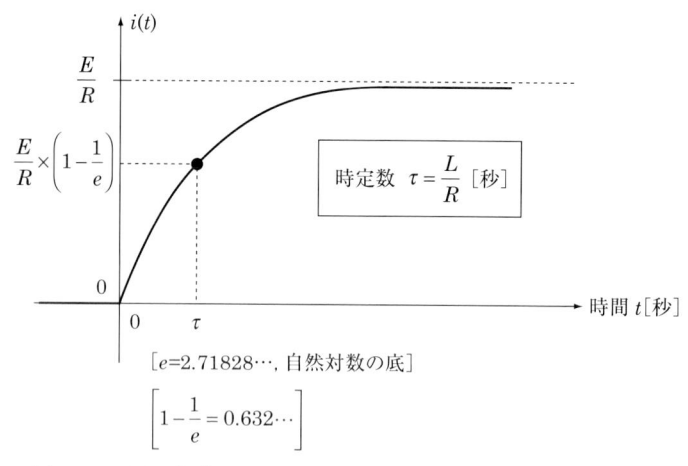

図5.13 原回路〔図5.11 (a)〕の過渡応答波形（回路電流 $i(t)$）

[$e=2.71828\cdots$，自然対数の底]

$$\left[1-\frac{1}{e}=0.632\cdots\right]$$

渡応答）の「俊敏さや緩慢さ」を表す※．

以上の流れをもとに，ラプラス変換を利用して回路の過渡応答を解析する手順を**図5.14**にまとめておく．

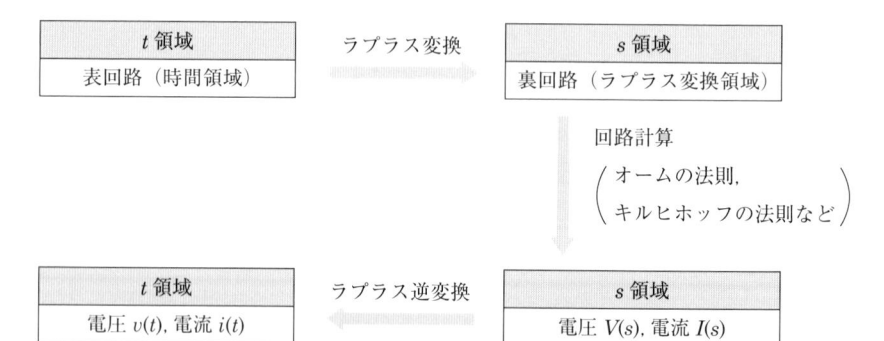

図5.14 ラプラス変換による電気回路の過渡応答計算の流れ

t 領域	ラプラス変換	s 領域
表回路（時間領域）	→	裏回路（ラプラス変換領域）

回路計算
$\begin{pmatrix}\text{オームの法則,}\\ \text{キルヒホッフの法則など}\end{pmatrix}$

t 領域	ラプラス逆変換	s 領域
電圧 $v(t)$，電流 $i(t)$	←	電圧 $V(s)$，電流 $I(s)$

※ 式 (5.2) に基づき，$\dfrac{di(t)}{dt}=\dfrac{[\text{A}]}{[\text{秒}]}$ なので $L[\text{H}]=\dfrac{v(t)}{di(t)/dt}=\dfrac{[\text{V}]}{[\text{A}/\text{秒}]}=\dfrac{[\text{V}][\text{秒}]}{[\text{A}]}$ となり，また抵抗 $R[\Omega]=\dfrac{[\text{V}]}{[\text{A}]}$ を考慮すれば，時定数 $\tau=\dfrac{L}{R}=\dfrac{\frac{[\text{V}][\text{秒}]}{[\text{A}]}}{\frac{[\text{V}]}{[\text{A}]}}=[\text{秒}]$ であることから，時間の単位を有することがわかる．

◆RC 回路の過渡応答

次に，図 5.15（a）の RC 回路のスイッチを $t=0$［秒］で閉じたときのコンデンサの端子電圧 $i(t)$ を求めてみよう．ただし，コンデンサの初期電圧 $v_C(0)$ は 0［V］とする．

RL 回路と同様に，$t>0$ における裏回路を求める．図 5.1, 図 5.3, 式 (5.28) を適用することで図 5.15（b）の裏回路が得られるわけだが，スイッチが閉じられる直前のコンデンサの端子電圧 $v_C(0)$ は 0 なので，最終的に図 5.15（c）の裏回路になる．次に，得られた裏回路に対して，オームの法則やキルヒホッフの法則などを利用して，各素子の電圧や電流を計算する．

図 5.15（c）より，回路を流れる電流 $i(t)$ のラプラス変換 $I(s)$ は，

$$I(s) = \frac{\frac{E}{s}}{R+\frac{1}{sC}} = \frac{E}{sR+\frac{1}{C}} = \frac{E}{R}\frac{1}{s+\frac{1}{CR}} = \frac{E}{R}\frac{1}{s+\frac{1}{\tau}} \tag{5.36}$$

ただし，$\tau = CR$［秒］ $\tag{5.37}$

と求められる．よって，式（5.34）に基づき，回路電流 $i(t)$ は次式で与え

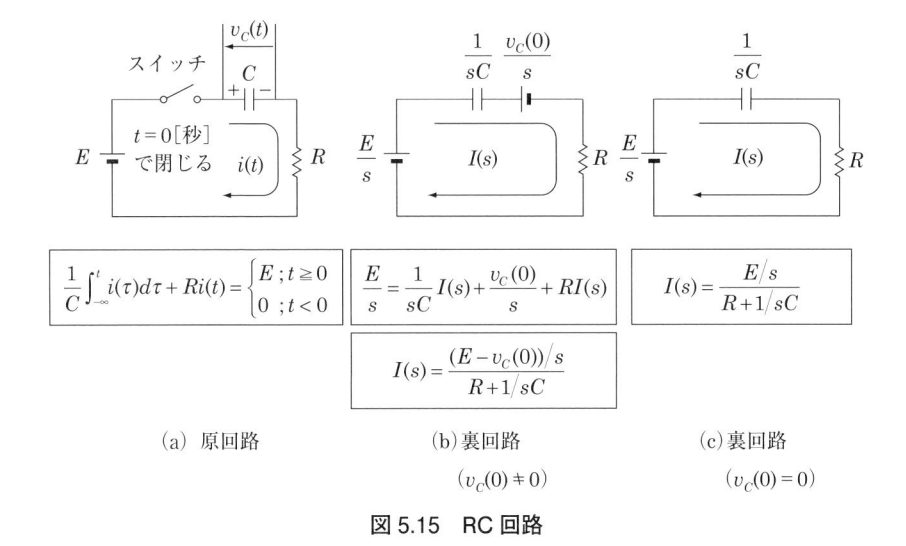

（a）原回路

（b）裏回路
（$v_C(0) \neq 0$）

（c）裏回路
（$v_C(0) = 0$）

図 5.15　RC 回路

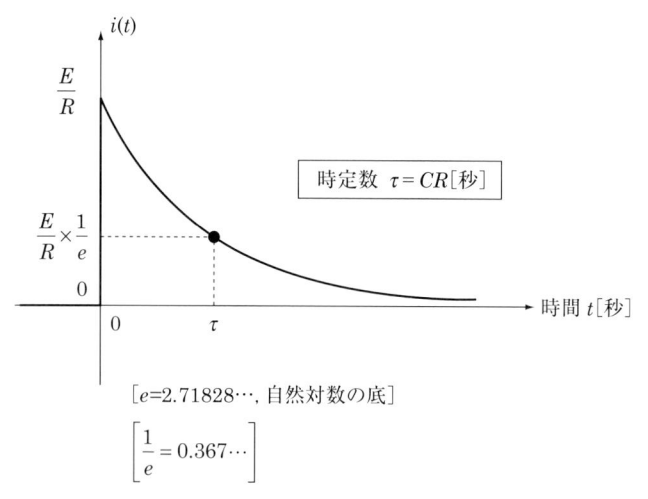

[図: 過渡応答波形。縦軸 $i(t)$、最大値 $\frac{E}{R}$、$t=\tau$ で $\frac{E}{R} \times \frac{1}{e}$、時定数 $\tau = CR$ [秒]、$e = 2.71828\cdots$、自然対数の底、$\frac{1}{e} = 0.367\cdots$]

図 5.16 原回路［図 5.15（a）］の過渡応答波形（回路電流 $i(t)$）

られる（図 5.16）．なお，$\tau = CR$ は RC 回路の時定数と呼ばれ，RL 回路の時定数 $\tau = L/R$ と同様に，回路内部の変化状態（過渡応答）の「俊敏さや緩慢さ」を表す※．

$$i(t) = \frac{E}{R} e^{-\frac{1}{\tau}t} u(t) = \begin{cases} \dfrac{E}{R} e^{-\frac{1}{\tau}t} & ; t \geqq 0 \\ 0 & ; t < 0 \end{cases} \qquad (5.38)$$

◆抵抗値が変化したときの過渡応答

今度は，図 5.17 の RL 回路の抵抗値が 5［Ω］から 2［Ω］に変化した（スイッチを $t = 0$［秒］で閉じた）ときの電流応答 $i(t)$ を求めてみよう．

最初に，コイルの裏回路では図 5.2 のように，回路が変動する直前にコイルに流れる初期電流 $i(0)$ を知る必要がある．直流電源なので，コイル

※ 式（5.3）に基づき，$\dfrac{dv(t)}{dt} = \dfrac{[V]}{[秒]}$ なので $C[F] = \dfrac{i(t)}{dv(t)/dt} = \dfrac{[A]}{[V/秒]} = \dfrac{[A][秒]}{[V]}$ となり，また抵抗 $R[\Omega] = \dfrac{[V]}{[A]}$ を考慮すれば，時定数 $\tau = CR = \dfrac{[A][秒]}{[V]} \times \dfrac{[V]}{[A]} = [秒]$ であることから，時間の単位を有することがわかる．

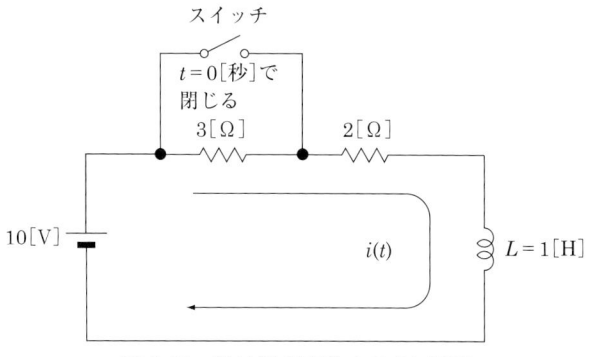

図5.17 抵抗値が変化するRL回路

の抵抗としての働きは $0[\Omega]$ と見なせることから，$t<0$ に対してはオームの法則より，

$$i(t) = \frac{10[V]}{3[\Omega]+2[\Omega]} = 2[A] \qquad ; t<0 \tag{5.39}$$

であり，初期電流 $i(0)=2[A]$ となる．

したがって，図5.17の裏回路（$t>0$）は図5.18のようになり，電流応答のラプラス変換 $I(s)$ は，

$$I(s) = \frac{\dfrac{10}{s}+2}{s+2} = \frac{10+2s}{s(s+2)} = \frac{5}{s} - \frac{3}{s+2}$$

と求められる．最終的には，式（5.27）〜式（5.29）を利用してラプラス逆変換することにより，出力応答 $i(t)$ は，

$$i(t) = 5u(t) - 3e^{-2t}u(t) = 5 - 3e^{-2t} \qquad ; t \geqq 0 \tag{5.40}$$

と得られる．

以上より，式（5.39）と式（5.40）に基づき，回路電流 $i(t)$ の変化のようすは図5.19のようになって，抵抗値が変化に伴い電流が増大する過渡現象が見られる．

151

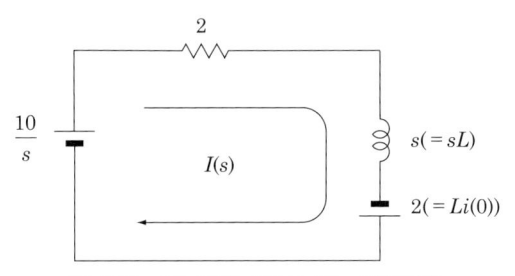

図 5.18　RL 回路［図 5.17］の裏回路

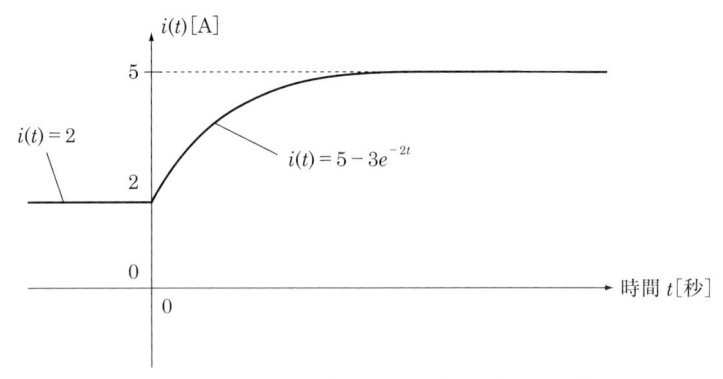

図 5.19　RL 回路［図 5.17］の過渡応答波形（回路電流 $i(t)$）

ナットクの例題 5-1

図 5.20（a）に示す回路に同図（b）のようなスイッチング波形を印加したときの出力応答を求めよ．

［答えはこちら→］

まず，図 5.20（b）の時間波形は，図 5.20（c）に示すように 2 つのステップ波形 $u(t)$ と $-u(t-3)$ を加算したものに等しいので，式（5.27）と式（5.28）より，

$$e(t) = u(t) - u(t-3)$$
$$\Updownarrow \quad \Updownarrow \quad \Updownarrow$$
$$E(s) = \frac{1}{s} - \frac{1}{s}e^{-3s} = \frac{1}{s}(1 - e^{-3s})$$

と電圧源 $e(t)$ のラプラス変換 $E(s)$ が求められる.

したがって, $t<0$ の電圧源 $e(t)=0[\mathrm{V}]$ なのでコンデンサには電荷がないので初期電圧 $v(0)=0$ であることを考慮すると, 図 5.20 (a) の裏回路は図 5.21 のようになり, 出力 $V(s)$ は次式で求められる.

(a) RC 回路

(b) 入力信号 $e(t)$

(c) 入力信号 $e(t)$ の合成

図 5.20 [ナットクの例題 5-1]

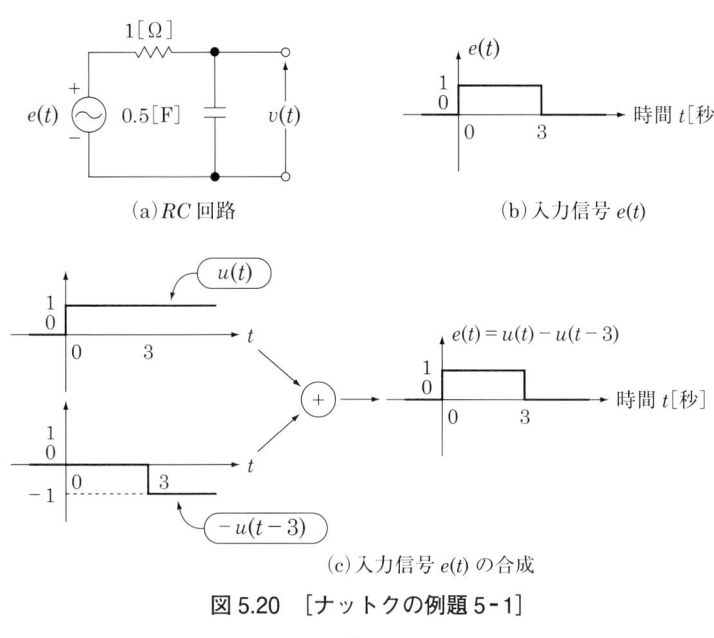

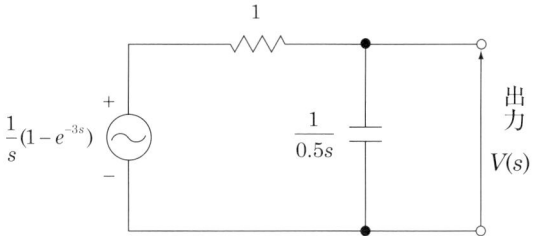

図 5.21 RC 回路 [図 5.20 (a)] の裏回路

$$V(s) = E(s)\frac{(1/0.5s)}{1+(1/0.5s)} = \frac{1}{s}(1-e^{-3s})\frac{2}{s+2} = (1-e^{-3s})\left(\frac{1}{s}-\frac{1}{s+2}\right)$$
$$= \frac{1}{s}-\frac{1}{s+2}-\frac{1}{s}e^{-3s}+\frac{1}{s+2}e^{-3s} \tag{5.41}$$

ここで，式（5.27）〜式（5.29）を利用してラプラス逆変換することにより，出力応答 $v(t)$ は，

$$v(t) = u(t) - e^{-2t}u(t) - u(t-3) + e^{-2(t-3)}u(t-3)$$

となるので，$u(t) = \begin{cases} 1 & ; t \geq 0 \\ 0 & ; t < 0 \end{cases}$，$u(t-3) = \begin{cases} 1 & ; t \geq 3 \\ 0 & ; t < 3 \end{cases}$ の関係に基づき，場合分けして，

$$v(t) = \begin{cases} -e^{-2t} + e^{-2(t-3)} = (1-e^{-6})e^{-2(t-3)} & ; t \geq 3 \\ 1 - e^{-2t} & ; 0 \leq t < 3 \\ 0 & ; t < 0 \end{cases} \quad (5.42)$$

と表せる．得られた結果 $v(t)$ を図示すると，**図 5.22**（a）に示す見慣れた出力応答が案外簡単に計算できることに驚かれるであろう．

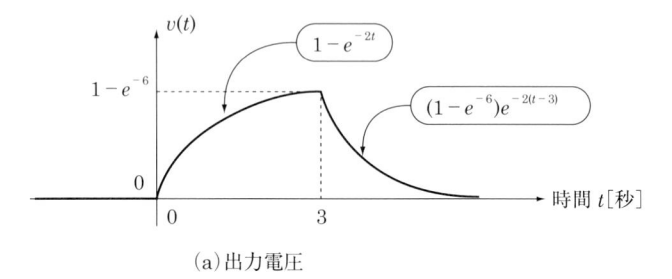

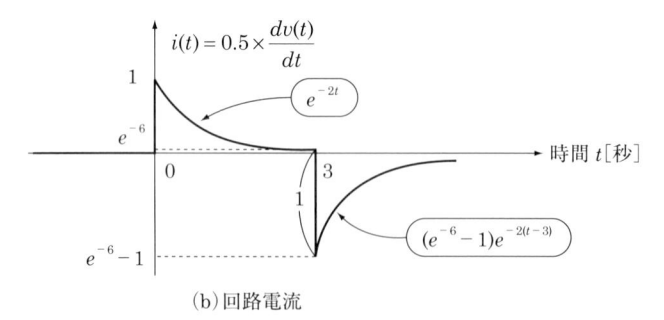

(a) 出力電圧

(b) 回路電流

図 5.22 RC 回路［図 5.20（a）］の過渡応答波形

ついでに，回路に流れる電流 $i(t)$ の変化の様子を**図 5.22**（b）に示す．

ただし，電流は，

$$i(t) = C\frac{dv(t)}{dt} \quad , \quad C = 0.5[\mathrm{F}]$$

により算出した．

5-4 伝達関数とインパルス応答

いま，ある回路の入力として $x(t)$ なる信号を加え，出力で得られる信号を $y(t)$ としよう［図 5.23 (a)］．この回路の構成素子の初期値をすべて 0 として求められた裏回路を同図 (b) に示す．ここで，入出力信号のラプラス変換 $X(s)$ と $Y(s)$ との間に，

$$Y(s) = G(s)X(s) \tag{5.43}$$

の関係がある場合，$G(s)$ は入力から出力までの**伝達関数**（あるいは**システム関数**ともいう）と呼ばれる．言い換えれば，アナログ・システムの伝達関数 $G(s)$ は，

$$G(s) = \frac{\text{出力信号のラプラス変換}}{\text{入力信号のラプラス変換}} = \frac{Y(s)}{X(s)} \tag{5.44}$$

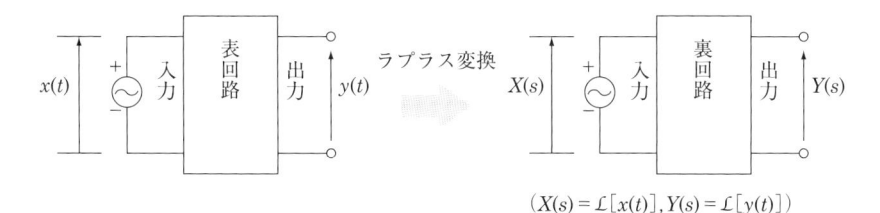

(a) 表回路（t 領域）　　　　(b) 裏回路（s 領域）

図 5.23　回路をラプラス変換すると…

これは，入力信号 $X(s)$ が伝達関数 $G(s)$ を通して伝達されると，出力信号は $Y(s)$ になることを表している．こうした考え方は，回路の解析のみならず，制御や音響などのあらゆるアナログ・システムの解析において非常に役に立つものである．
　また，伝達関数と入出力信号の関係は，図 5.24 のように図示するとわかりやすい．つまり，伝達関数 $G(s)$ はちょうど増幅回路の増幅率のようにみなせるわけである．
　次に，式（5.43）において入力信号 $X(s)$ を，

$$X(s) = 1$$

としてみよう．ここで，ラプラス変換した $X(s)$ が 1 になる時間波形は，式(5.26)より単位インパルス波形 $\delta(t)$ に相当する．すると，出力信号 $Y(s)$ として，

$$Y(s) = G(s) \cdot 1 = G(s) \tag{5.45}$$

が得られる．以上は，ラプラス変換領域で考えたことだが，これを時間領域で見てみると次のようになる．

> 入力信号 $x(t)$ を，単位インパルス波形 $\delta(t)$ としたときに得られる出力信号 $y(t)$ のラプラス変換 $Y(s)$ は，伝達関数 $G(s)$ に等しい

　このような出力信号は**インパルス応答**と呼ばれ，実験的に伝達関数を求めるときに用いられる．つまり，回路にインパルス波形を入力して得られる出力信号を分析すれば，回路の中身を知ることができるのである．
　以上のことを概括すると，インパルス波形 $\delta(t)$ を仲立ちにして，ラプラス変換領域と時間領域における伝達関数表現が密接に関連付けられるのである（図 5.25）．

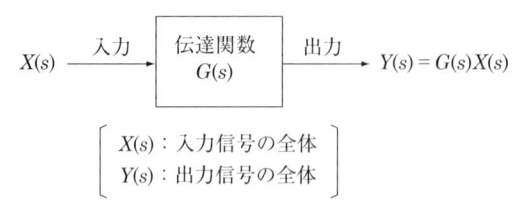

図 5.24　伝達関数とは？

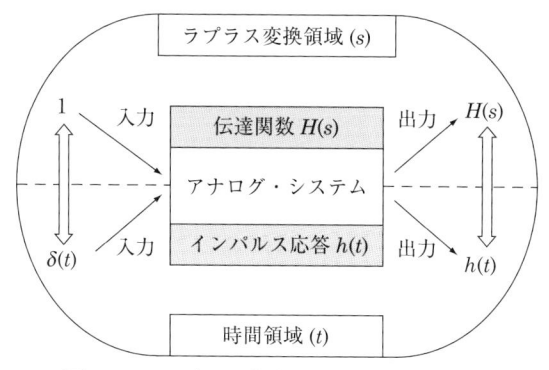

図 5.25 ラプラス変換のシステム論的解釈

ナットクの例題 5-2

いま，電気回路のインパルス応答 $g(t)$ を測定すると次の結果が得られたとする（図 5.26）．

$$g(t) = \begin{cases} \sqrt{2} e^{-\frac{1}{\sqrt{2}}t} \sin\left(\frac{1}{\sqrt{2}}t\right) & ; t \geqq 0 \\ 0 & ; t > 0 \end{cases} \quad (5.46)$$

このときの伝達関数 $G(s)$ を求め，回路を合成せよ．

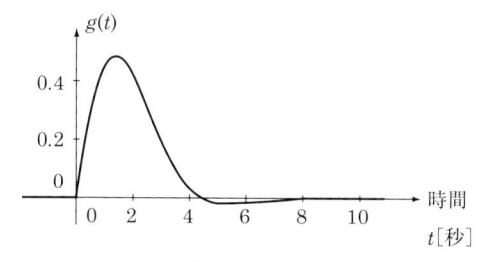

図 5.26 ［ナットクの例題 5-2］のインパルス応答波形 $g(t)$

[答えはこちら→]

まず，インパルス応答のラプラス変換（伝達関数 $G(s)$ に相当）を求めれば

よい．ラプラス変換の公式として，

$$(e^{\beta t}\sin\omega t)u(t) \Leftrightarrow \frac{\omega}{(s-\beta)^2+\omega^2} \tag{5.47}$$

$$\text{ただし，}\beta = -\frac{1}{\sqrt{2}},\quad \omega = \frac{1}{\sqrt{2}}$$

を利用すれば，式 (5.46) のラプラス変換が次のように与えられる．

$$G(s) = \sqrt{2}\frac{\frac{1}{\sqrt{2}}}{\left(s+\frac{1}{\sqrt{2}}\right)^2+\left(\frac{1}{\sqrt{2}}\right)^2} = \frac{1}{s^2+\sqrt{2}s+1}$$

得られた伝達関数 $G(s)$ の分母，分子をそれぞれ変数 s で割ると，

$$\begin{aligned}G(s) &= \frac{\frac{1}{s}}{s+\sqrt{2}+\frac{1}{s}} \\ &= \frac{Z_2(s)}{Z_1(s)+Z_2(s)}\quad;Z_1(s)=s+\sqrt{2},\quad Z_2(s)=\frac{1}{s}\end{aligned} \tag{5.48}$$

と式変形される．ここで，

$$Z_1(s) = \underset{\underset{\text{コイル}}{\text{1[H] の}}}{\underset{\Updownarrow}{s}} + \underset{\underset{\text{接続}}{\text{直列}}}{\underset{\Updownarrow}{}} \underset{\underset{\text{抵抗}}{\sqrt{2}[\Omega]\text{ の}}}{\underset{\Updownarrow}{\sqrt{2}}},\quad Z_2(s)=\underset{\underset{\text{コンデンサ}}{\text{1[F] の}}}{\underset{\Updownarrow}{\frac{1}{s}}} \tag{5.49}$$

のように，インピーダンス $Z_1(s)$ と $Z_2(s)$ を回路素子の意味を持たせて読みくだすことで図 5.27 のように回路が合成される．ラプラス変換の世界が具体的な回路の世界に置き換えられたというわけである．

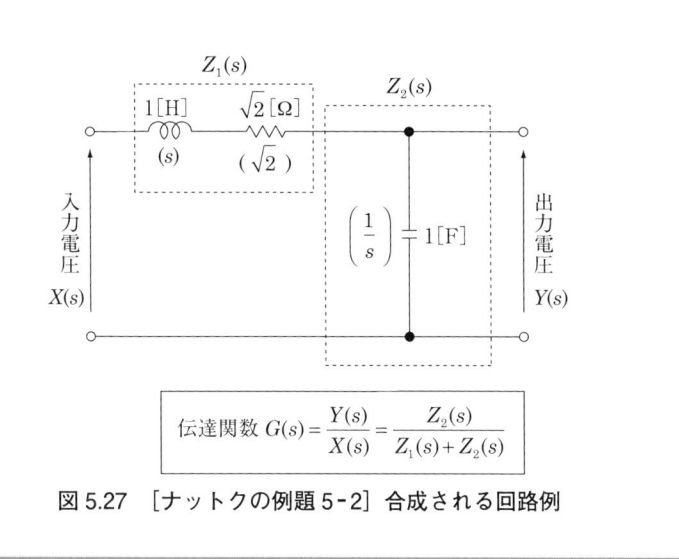

図 5.27 ［ナットクの例題 5-2］ 合成される回路例

$$伝達関数\ G(s) = \frac{Y(s)}{X(s)} = \frac{Z_2(s)}{Z_1(s)+Z_2(s)}$$

5-5 極，零点とシステムの応答

　いま，アナログ・システムの伝達関数 $G(s)$ が，ラプラス変数 s の実係数多項式の比で表される有理関数として，

$$G(s) = \frac{B(s)}{A(s)} = \frac{b_M s^M + b_{M-1} s^{M-1} + \cdots + b_1 s + b_0}{a_N s^N + a_{N-1} s^{N-1} + \cdots + a_1 s + a_0} \tag{5.50}$$

の形をしている場合を考えてみよう．なお，定係数の微積分方程式を解くときに現れる関数や，抵抗，コイル，コンデンサなどの素子で構成される電気回路の伝達関数も一般に式（5.50）の形になる．

◆伝達関数の極，零点と s 平面

　式（5.50）は分母と分子がいずれもラプラス変数 s に関する多項式なので，それぞれ因数分解すると，伝達関数 $G(s)$ は，

$$G(s) = \frac{B(s)}{A(s)} = G_0 \frac{(s-q_1)(s-q_2)\cdots(s-q_M)}{(s-p_1)(s-p_2)\cdots(s-p_N)} \; ; \; G_0 \text{ は利得定数} \quad (5.51)$$

と表される．ここに，$G(s) = \infty$ となる点（分母多項式 $A(s) = 0$ とおいた方程式の根に相当）は $G(s)$ の**極**（pole），$G(s) = 0$ となる点（分子多項式 $B(s) = 0$ とおいた方程式の根に相当）は $G(s)$ の**零点**（zero）と呼ばれる．

このように，式（5.51）の伝達関数 $G(s)$ が，極と零点，そして利得定数だけによって定まることを意味している．このうち利得定数 G_0 は一定であるから，伝達関数の形を決めているのは極と零点である．また，回路のインパルス応答 $g(t)$ は伝達関数 $G(s)$ のラプラス逆変換で与えられるから，インパルス応答 $g(t)$ もまた極と零点によって定まることがわかる．

以下では，この極の s 平面（複素平面）上での配置（**図 5.28**）が，アナログ・システムの応答 $g(t)$ とどのように関わっているかを調べてみよう．

◆極に対するアナログ・システムの応答

第 4 章の **4-3**（ヘヴィサイドの展開定理）で説明したように，$G(s)$ が実係数有理関数のときは，$G(s)$ の極に対応する項の総和形式として，

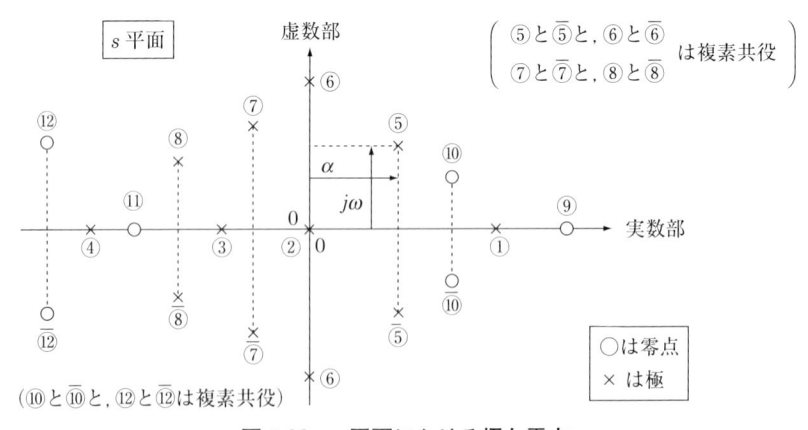

$$G(s) = \sum_k \Bigl[G(s) \text{の極} \, p_k \text{に対応する項} \Bigr] \quad (5.52)$$

図 5.28　s 平面における極と零点

と部分分数展開される．その結果を受けて，各項を別々にラプラス逆変換して時間応答波形に戻すと，インパルス応答 $g(t)$ が，

$$g(t) = \sum_k \left[G(s) \text{の極} p_k \text{に対応する時間応答波形} \right] \quad (5.53)$$

となることがわかる．このように，$g(t)$ は s 平面における極 p_k の位置によって決定される時間応答波形の総和である．なお，伝達関数 $G(s)$ の極 p_k は，実数または互いに共役な複素数対（すなわち p_k が複素極になれば，それと共役な複素極 $\overline{p_k}$ も極である）となる．

それでは，p_k が単根の極の場合について，時間応答波形の形状を分類してみよう．

●単根の極 p_k が実数の場合

$G(s)$ を因数分解したときの，極 $p_k = \alpha$（実数）に対応する項と時間応答波形のラプラス変換対は，

$$\frac{A}{s-\alpha} \Leftrightarrow Ae^{\alpha t}u(t) = \begin{cases} Ae^{\alpha t} & ; t \geq 0 \\ 0 & ; t < 0 \end{cases} \quad (5.54)$$

となる．すなわち時間応答は指数関数波形であり，$t \to \infty$ のときに α が正の場合は発散，負の場合は減衰する．$\alpha = 0$ の場合は，式 (5.54) より，

$$\frac{A}{s} \Leftrightarrow Au(t) = \begin{cases} A & ; t \geq 0 \\ 0 & ; t < 0 \end{cases} \quad (5.55)$$

であり，ステップ波形となる（**図 5.29** の①〜④を参照）．

●単根の極 p_k が共役複素数対の場合

この共役な複素数対の極を $p_k = \alpha + j\omega$，$\overline{p_k} = \overline{\alpha + j\omega} = \alpha - j\omega$ とおくと，

$$\frac{A}{s-(\alpha+j\omega)} + \frac{\overline{A}}{s-(\alpha-j\omega)} = B\frac{s-\alpha}{(s-\alpha)^2+\omega^2} + C\frac{\omega}{(s-\alpha)^2+\omega^2} \quad (5.56)$$

ただし，$B = A + \overline{A}$，$C = j(A - \overline{A})$

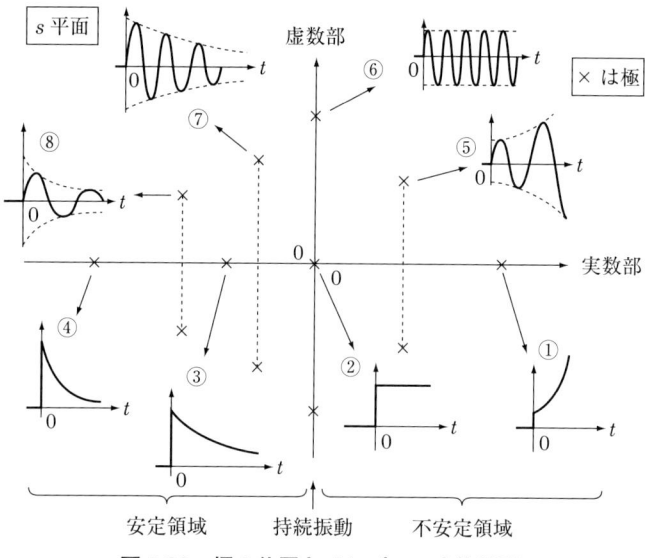

図 5.29 極の位置とインパルス応答波形

と変形することによって，

$$B\frac{s-\alpha}{(s-\alpha)^2+\omega^2}+C\frac{\omega}{(s-\alpha)^2+\omega^2} \Leftrightarrow$$

$$Be^{\alpha t}\cos(\omega t)u(t)+Ce^{\alpha t}\sin(\omega t)u(t)=\begin{cases}e^{\alpha t}[B\cos(\omega t)+C\sin(\omega t)] & ;t\geqq 0\\ 0 & ;t<0\end{cases}$$

(5.57)

で表されるラプラス変換対が得られる（**3-6** を参照）．また，三角関数の合成公式，すなわち，

$$a\cos\theta+b\sin\theta=\sqrt{a^2+b^2}\cos\left\{\theta-\tan^{-1}\left(\frac{b}{a}\right)\right\} \quad (5.58)$$

を式（5.57）に適用すれば，

$$e^{\alpha t}\left[B\cos(\omega t)+C\sin(\omega t)\right]=\sqrt{B^2+C^2}e^{\alpha t}\cos\left\{\omega t-\tan^{-1}\left(\frac{C}{B}\right)\right\} \quad (5.59)$$

となる．よって，時間応答は振動波形となり，極 p_k の実数部 α の符号に対し，正（$\alpha>0$）の場合は指数関数的に発散し，負（$\alpha<0$）の場合は減衰する．$\alpha=0$ の場合は，式（5.59）より，

$$\sqrt{B^2+C^2}\underbrace{e^{0 \cdot t}}_{1}\cos\left\{\omega t-\tan^{-1}\left(\frac{C}{B}\right)\right\}=\sqrt{B^2+C^2}\cos\left\{\omega t-\tan^{-1}\left(\frac{C}{B}\right)\right\} \tag{5.60}$$

と表されるので，持続振動波形となる（**図 5.29** の⑤～⑧を参照）．なお，極 p_k の虚数部 $\omega=0$ のときは極が実数で単なる指数関数波形となり，ω の絶対値が大きいほど振動の周波数が高くなる．

以上まとめると，単根の場合，

> 極 $p_k=\alpha+j\omega$ の実数部 α は，時間応答波形の包絡線（図 5.29 の点線に相当）に関係し，虚数部 $\omega(=2\pi f)$ は振動角周波数を与える

ということになる．つまり，$\alpha>0$ のときは時間とともに発散し，$\alpha<0$ のときは減衰し，$\alpha=0$ のときは包絡線が発散も減衰もせずに一定の大きさで持続する．そしてその絶対値 $|\alpha|$ が発散と減衰のスピードを表す．

5-6 システムの安定性と周波数特性

ここでは，アナログ・システムにインパルスを入力したとき，十分に時間が経てば応答出力が 0 になるという "**安定性**"，および周波数を可変して正弦波を入力したときの応答出力としての "**周波数特性**" を考えてみよう．

◆安定性

前述のように伝達関数 $G(s)$ の極の s 平面上の位置によって，時間が十分に経過したとき，すなわち $t\to\infty$ での時間応答出力の振る舞いは，**表 5.2** のようになる．

すなわち，アナログ・システムは，伝達関数の極（$G(s)=\infty$ を満たす s

の値)に対して，

- すべて左半面内のときは，出力応答は減衰し，フィルタは**狭義安定**（単に**安定**，あるいは**絶対安定**）であるといわれる
- 1つでも右半面内にあるときは，出力応答は発散し，フィルタは**不安定**になる

とまとめられる．なお，虚軸上の極の場合は，極が単根のときに限って発散も減衰もせずに持続的に振動する．この場合は，少なくとも発散はしないという意味で**広義安定**（あるいは**漸近安定**）と呼ばれるが，同じ位置の極を有する外部入力が加えられると，出力応答は重根の極を有することになってしまい，発振してしまう（共振特性とか，共鳴現象という．**ナットクの例題 4-3** を参照）．

◆周波数特性

アナログ・システムの周波数特性は，伝達関数 $G(s)$ の s 平面における極と零点の配置に基づいて推測することもできる．例えば，式 (5.51) の伝達関数に対する周波数特性は，$s = j\omega$ を代入することにより求められる．

$$G(j\omega) = G_0 \frac{(j\omega - q_1)(j\omega - q_2)\cdots(j\omega - q_M)}{(j\omega - p_1)(j\omega - p_2)\cdots(j\omega - p_N)} \tag{5.61}$$

ここで，**図 5.30** に示すように，それぞれの極や零点から虚軸上の周波数の位置 $s = j\omega$ へ向けてベクトルを描き，そのベクトルの大きさ（長さ，絶対値）と位相角度（偏角）を次のように表してみよう．

利得特性（入力が何倍されて出力されるのかを表す比率）に関係するベクトルの大きさは，虚軸上の $s = j\omega$ と零点あるいは極との距離であるから，

表 5.2 極の位置とシステムの安定性

極	s 平面における位置		
	左半面内	虚軸上	右半面内
単根	減衰	持続振動	発散
重根	減衰	発散	発散

$$\begin{cases} |j\omega - q_m| = d_{qm} & \text{(零点との距離)} \\ |j\omega - p_n| = d_{pn} & \text{(極との距離)} \end{cases} \quad (5.62)$$

で与えられる．また，位相特性（入力と応答出力の時間差を角度に換算した値）に関係する角度は，虚軸上の $s=j\omega$ と零点あるいは極とがなす角度であるから，

$$\begin{cases} \angle(j\omega - q_m) = \theta_{qm} & \text{(零点との偏角)} \\ \angle(j\omega - p_n) = \theta_{pn} & \text{(極との偏角)} \end{cases} \quad (5.63)$$

となる．このような表記を使えば，アナログ・システムの利得特性 $|G(j\omega)|$ は，

$$|G(j\omega)| = G_0 \frac{d_{q1} \times d_{q2} \times \cdots \times d_{qM}}{d_{p1} \times d_{p2} \times \cdots \times d_{pN}} \quad (5.64)$$

となり，位相特性 $\angle G(j\omega)$ は，

$$\angle G(j\omega) = (\theta_{q1} + \theta_{q2} + \cdots + \theta_{qM}) - (\theta_{p1} + \theta_{p2} + \cdots + \theta_{pN}) \quad (5.65)$$

と書くことができる．

したがって，虚軸上の $s=j\omega$ を移動した（角周波数 $\omega = 2\pi f$ を変化させた）ときに，利得 $|G(j\omega)|$ と位相 $\angle G(j\omega)$ の値がどう変化するかを調べれば，それがアナログ・システムの周波数特性になる．

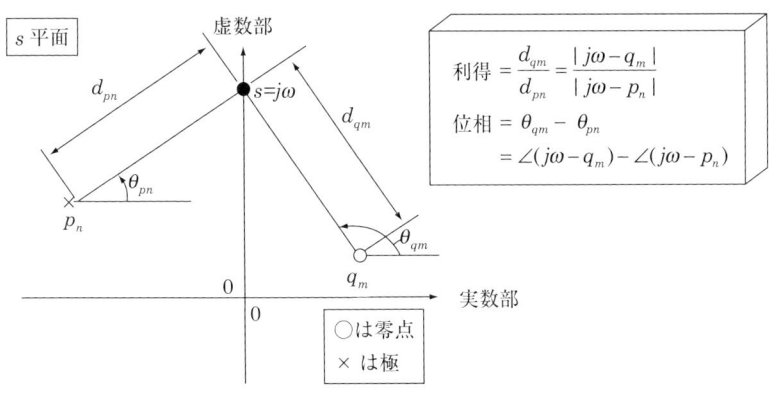

図 5.30　極および零点の位置に基づく周波数特性（利得，位相）の考え方

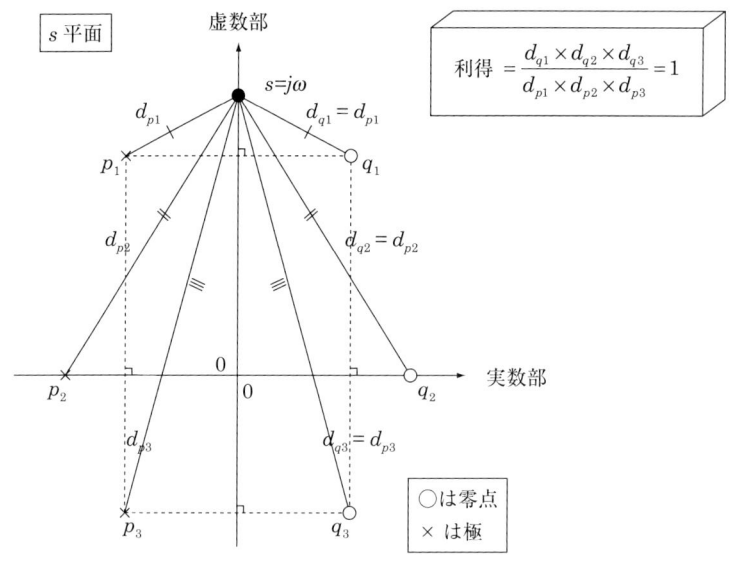

図 5.31　オールパス特性（$N = M = 3, p_1 = \overline{p_3}, q_1 = \overline{q_3}$ の場合）

　一例として，極と零点の個数が同じで，しかもその配置が図 5.31 に示すように虚軸に対して線対称（実数部の符号が逆で，虚数部が同じ）になっているアナログ・システムを考えてみよう．このときは，一対の極と零点との距離は，すべての $m = 1, 2, \cdots, M$ に対して，

$$d_{pm} = d_{qm} \tag{5.66}$$

となり，式（5.64）の分母の d_{pm} と分子の d_{qm} は打ち消しあうから，利得特性 $|G(j\omega)|$ は周波数によらずに一定となり，位相のみが変化する．このような周波数特性を有するアナログ・システムは，オールパス特性と呼ばれる．

◆周波数特性とフーリエ変換

　ところで，アナログ・システムの周波数特性が，インパルス応答のフーリエ変換に相当することが知られている．

　例えば，図 5.32（a）に示す RC 回路の伝達周波数特性は，RC 回路を複素化した表現の図 5.32（b）に基づき，入力電圧に対する出力電圧の比を求めると，

(a) RC 回路

(b) 複素化した RC 回路

$V_1(j\omega)$：入力 $v_1(t)$ のフーリエ変換
$V_2(j\omega)$：出力 $v_2(t)$ のフーリエ変換

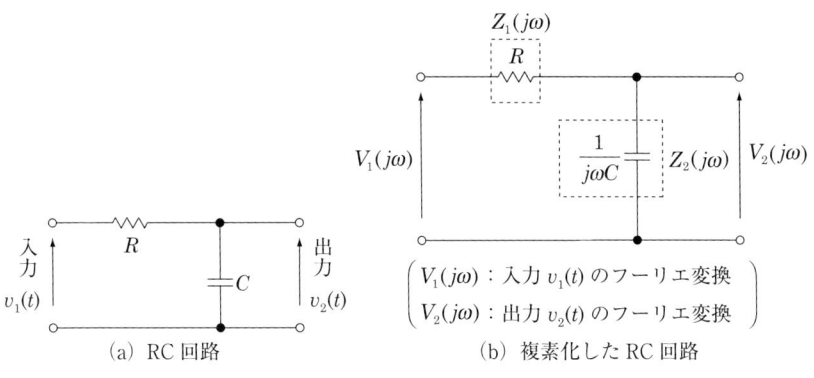

図 5.32　RC 回路の伝達周波数特性

$$\frac{V_2(j\omega)}{V_1(j\omega)} = \frac{Z_2(j\omega)}{Z_1(j\omega)+Z_2(j\omega)} = \frac{\dfrac{1}{j\omega C}}{R+\dfrac{1}{j\omega C}} = \frac{1}{CR}\frac{1}{j\omega+\dfrac{1}{CR}} \quad (5.67)$$

となる．

また，図 5.32 (a) に示す RC 回路のインパルス応答は，図 5.33 に基づき，伝達関数 $G(s)$ は，

$$G(s) = \frac{V_2(s)}{V_1(s)} = \frac{\dfrac{1}{sC}}{R+\dfrac{1}{sC}} = \frac{1}{CR}\frac{1}{s+\dfrac{1}{CR}} \quad (5.68)$$

となる．このとき，式 (5.68) をラプラス逆変換したものはインパルス応答 $g(t)$ に相当し，

$$g(t) = \frac{1}{CR}e^{-\frac{1}{CR}t}u(t) = \begin{cases} \dfrac{1}{CR}e^{-\frac{1}{CR}t} & ; t \geq 0 \\ 0 & ; t < 0 \end{cases} \quad (5.69)$$

で与えられる．

そこで，式 (5.69) のフーリエ変換を計算してみると，$t<0$ において $g(t)=0$ であることを考慮すれば，

167

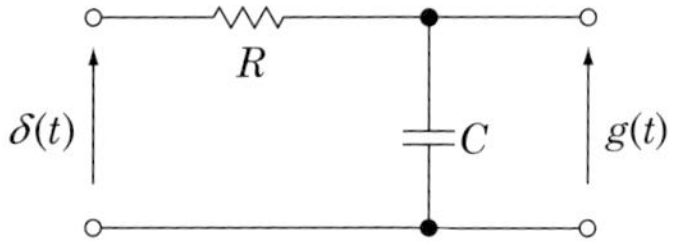

ラプラス変換する

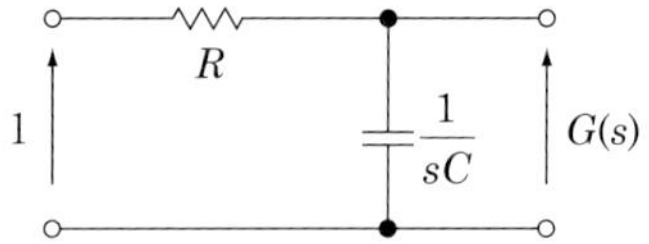

$G(s)$ を求める

$$G(s)=1\times\frac{\frac{1}{sC}}{R+\frac{1}{sC}}=\frac{1}{CR}\frac{1}{\left(s+\frac{1}{CR}\right)}$$

ラプラス逆変換する

$$g(t)=\frac{1}{CR}e^{-\frac{1}{CR}t}u(t)\,;u(t)=\begin{cases}1\,;t\geq 0\\ 0\,;t<0\end{cases}$$

図 5.33　ラプラス変換によるインパルス応答計算の流れ

$$\begin{aligned}G(j\omega)&=\int_{-\infty}^{\infty}g(t)e^{-j\omega t}dt=\frac{1}{CR}\int_{0}^{\infty}e^{-\left(\frac{1}{CR}+j\omega\right)t}dt\\&=\frac{1}{CR}\left[-\frac{1}{\frac{1}{CR}+j\omega}e^{-\left(\frac{1}{CR}+j\omega\right)t}\right]_{t=0}^{t=\infty}\qquad\because\ \lim_{t\to\infty}e^{-\left(\frac{1}{CR}+j\omega\right)t}=0\\&=\frac{1}{CR}\frac{1}{j\omega+\frac{1}{CR}}\end{aligned}\tag{5.70}$$

と算出される．つまり，式（5.67）と式（5.70）がまったく同じであるから，インパルス応答のフーリエ変換値が回路の周波数特性を表すことがわかる．同時に，式（5.68）と式（5.70）を見比べると，伝達関数 $G(s)$ において，$s=j\omega$ を代入したものはインパルス応答のフーリエ変換値に等しいことも理解される．

5-7 交流入力に対する過渡応答

ここでは，アナログ・システムに正弦波交流を入力したときの応答特性を調べてみよう．

一般的に，角周波数 ω の正弦波交流（cos 波，sin 波）入力 $x(t)$ を指数関数 $e^{j\omega t}(=\cos\omega t + j\sin\omega t)$ で表し，伝達関数 $G(s)$ を有するアナログ・システムに入力したときの出力 $y(t)$ を求めてみる（**図 5.34**）．そこで，入力 $x(t)$ と出力 $y(t)$ のラプラス変換をそれぞれ $X(s)$，$Y(s)$ で表せば，

$$X(s) = \frac{1}{s - j\omega}$$ より，

$$Y(s) = G(s)X(s) = \frac{G(s)}{s - j\omega} \tag{5.71}$$

となる関係が成立する．

ところで，伝達関数 $G(s)$ は有理関数であり，

$$\begin{aligned}G(s) &= \frac{B(s)}{A(s)} = \frac{b_M s^M + b_{M-1} s^{M-1} + \cdots + b_1 s + b_0}{a_N s^N + a_{N-1} s^{N-1} + \cdots + a_1 s + a_0} \quad ; M < N \\ &= G_0 \frac{(s - q_1)(s - q_2)\cdots(s - q_M)}{(s - p_1)(s - p_2)\cdots(s - p_N)} \quad ; G_0 \text{ は利得定数}\end{aligned} \tag{5.72}$$

の形で与えられるとする（**5-5** を参照）．つまり，出力 $Y(s)$ は，式（5.71）

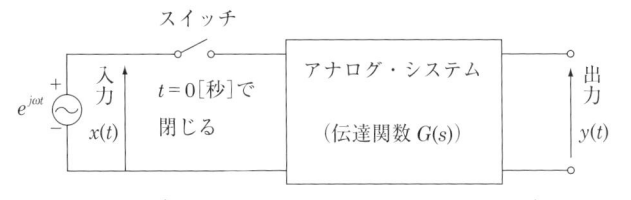

（なお，cos 波入力に対しては実数部，sin 波入力に対しては虚数部が対応する）

図 5.34 交流入力に対する過渡応答計算の考え方

と式 (5.72) より,

$$Y(s) = \frac{B(s)}{(s-j\omega)A(s)}$$
$$= G_0 \frac{(s-q_1)(s-q_2)\cdots(s-q_M)}{(s-p_0)(s-p_1)(s-p_2)\cdots(s-p_N)} \quad ; p_0 = j\omega \quad (5.73)$$

と表される．この関数は $(N+1)$ 個の極，すなわち伝達関数 $G(s)$ の分母関数 $A(s)$ に起因する N 個の極，および正弦波入力に起因する極 $p_0 = j\omega$ をもつので，部分分数分解して

$$Y(s) = \sum_{n=0}^{N} \frac{c_n}{s-p_n}$$
$$= \frac{c_0}{s-j\omega} + \frac{c_1}{s-p_1} + \frac{c_2}{s-p_2} + \cdots + \frac{c_N}{s-p_N} \quad (5.74)$$

を得る．ゆえに，$Y(s)$ のラプラス逆変換である出力信号 $y(t)$ は，$t \geq 0$ に対して，

$$y(t) = c_0 e^{j\omega t} + c_1 e^{p_1 t} + c_2 e^{p_2 t} + \cdots + c_N e^{p_N t} \quad (5.75)$$

である．ただし，安定なアナログ・システムでは分母関数 $A(s)$ に起因する N 個の極 $\{p_n\}_{n=1}^{n=N}$ の実数部が負の複素数と考えてよいので，式 (5.75) において，$\lim_{t \to \infty}(c_1 e^{p_1 t} + c_2 e^{p_2 t} + \cdots + c_N e^{p_N t})$ は 0 に近づくと見なせる．

以上より，式 (5.75) は定常応答（正弦波）と過渡応答（時間の経過とともに 0 になる）に分けて，

$$y(t) = \underbrace{c_0 e^{j\omega t}}_{\text{定常応答}} + \underbrace{c_1 e^{p_1 t} + c_2 e^{p_2 t} + \cdots + c_N e^{p_N t}}_{\text{過渡応答}} \quad (5.76)$$

と表される．一方，正弦波入力に起因する極 $p_0 = j\omega$ の展開係数 c_0 は，式 (5.71) を考慮すると，

$$c_0 = (s-j\omega)Y(s)\big|_{s=j\omega} = G(j\omega) \quad (5.77)$$

であるから，式 (5.76) の定常応答は，$t \to \infty$ に対して，

$$G(j\omega)e^{j\omega t} \tag{5.78}$$

と導かれる．なお，アナログ・システムの周波数特性 $G(j\omega)$ が極形式で，

$$G(j\omega) = |G(j\omega)|e^{j\angle G(j\omega)} \tag{5.79}$$

と表されるとき，

$|G(j\omega)|$：利得（入力が何倍になって出力されるかを表す指標）

$\angle G(j\omega)$：位相（入力がどれぐらいの時間ずれで出力されるかを角度に換算した指標）

が得られる．最終的に，定常応答は式（5.78）に式（5.79）を代入すれば，

$$\begin{aligned}|G(j\omega)|e^{j\angle G(j\omega)}e^{j\omega t} &= |G(j\omega)|e^{j\{\omega t + \angle G(j\omega)\}} \\ &= |G(j\omega)|\cos(\omega t + \angle G(j\omega)) + j|G(j\omega)|\sin(\omega t + \angle G(j\omega))\end{aligned} \tag{5.80}$$

となるので，

$$\begin{cases}\cos(\omega t) \text{ の入力に対する出力 } = |G(j\omega)|\cos(\omega t + \angle G(j\omega)) \\ \sin(\omega t) \text{ の入力に対する出力 } = |G(j\omega)|\sin(\omega t + \angle G(j\omega))\end{cases} \tag{5.81}$$

で表される．

ナットクの例題 5-3

図 5.35 に示す抵抗 R とコイル L で構成される電気回路に，角周波数 $\omega = 2$ [rad/秒] の正弦波，すなわち，

$$x(t) = \begin{cases} 2\sin(2t) & ; t \geq 0 \\ 0 & ; t < 0 \end{cases}$$

を入力したときの出力応答 $y(t)$ を求めよ．

［答えはこちら→］

まず，式（5.30）より，入力電圧 $x(t)$ は sin 波形なので，ラプラス変換

$$x(t) = \begin{cases} 2\sin(2t) & : t \geq 0 \\ 0 & : t < 0 \end{cases}$$

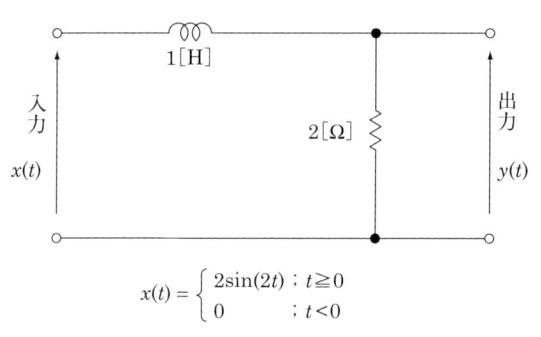

図 5.35 ［ナットクの例題 5-3］RL 回路

$X(s)$ は,

$$X(s) = \frac{2}{s - j2}$$

の虚数部であり，RL 回路の裏回路は図 5.36 となる．ここに，入力信号は $t<0$ において $x(t)=0$ なので，コイル L の初期電流 $i(0)=0$ である．

したがって，出力電圧 $y(t)$ のラプラス変換 $Y(s)$ は，図 5.36 に基づき，伝達関数 $G(s) = \dfrac{2}{s+2}$ と入力 $X(s)$ との積として，

$$\begin{aligned} Y(s) &= G(s)X(s) = \frac{2}{s+2}X(s) \\ &= \frac{2}{s+2} \times \frac{2}{s-j2} = \frac{4}{(s-j2)(s+2)} \end{aligned} \tag{5.82}$$

と求まるので，部分分数展開することによって次式が得られる．

$$Y(s) = \frac{\dfrac{2}{1+j}}{s-j2} + \frac{-1+j}{s+2} \tag{5.83}$$

入力 $x(t)$ のラプラス変換は $\dfrac{4}{s^2+4}$ であるが，複素表現して求めた後，虚数部を採る（途中の計算が簡略化できるので，お勧めしたい考え方である）

$X(s) = \dfrac{2}{s-j2}$

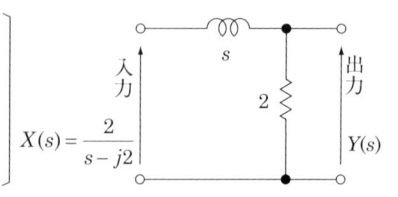

図 5.36　RL 回路

したがって，式 (5.29) のラプラス変換対を適用すれば，

$$Y(s) = \frac{\frac{2}{1+j}}{s-j2} + \frac{-1+j}{s+2}$$
$$\Updownarrow \quad\quad \Updownarrow \quad\quad \Updownarrow$$
$$y(t) = \frac{2}{1+j}e^{j2t}u(t) + (-1+j)e^{-2t}u(t)$$

が得られ，

$$y(t) = \begin{cases} \dfrac{2}{1+j}e^{j2t} - e^{-2t} + je^{-2t} & ; t \geqq 0 \\ 0 & ; t < 0 \end{cases} \tag{5.84}$$

と表される．ここで，式 (5.84) の右辺の第 1 項は，その係数が，

$$\frac{2}{1+j} = \frac{2}{\sqrt{2}e^{j\frac{\pi}{4}}} = \sqrt{2}e^{-j\frac{\pi}{4}}$$

と極形式で表示できるので，オイラーの公式（$e^{j\theta} = \cos\theta + j\sin\theta$, $\theta = 2t - \pi/4$）を適用して変形する．

$$\frac{2}{1+j}e^{j2t} = \sqrt{2}e^{j\left(2t-\frac{\pi}{4}\right)} = \sqrt{2}\cos\left(2t-\frac{\pi}{4}\right) + j\sqrt{2}\sin\left(2t-\frac{\pi}{4}\right) \tag{5.85}$$

以上より，入力が sin 波形なので式 (5.84) の虚数部を採ることになり，$t \geqq 0$ においては，式 (5.85) に基づき，虚数部を取り出せば，

$$y(t) = \underbrace{e^{-2t}}_{\text{過渡応答}} + \underbrace{\sqrt{2}\sin\left(2t-\frac{\pi}{4}\right)}_{\text{定常応答}} \tag{5.86}$$

が得られる（**図 5.37**）．このように，出力応答 $y(t)$ は過渡応答と定常応答との和に等しく，過渡応答は時間が十分経過（$t \to \infty$）すると 0 に収束し，最終的には定常応答のみになる．

また，伝達関数 $G(s) = \dfrac{2}{s+2}$ で $s = j2$（$=j\omega$, $\omega = 2$）を代入して極形式で表示すると，

$$G(j2) = \frac{2}{j2+2} = \frac{2}{2\sqrt{2}e^{j\frac{\pi}{4}}} = \frac{1}{\sqrt{2}}e^{-j\frac{\pi}{4}} \tag{5.87}$$

となり，角周波数 $\omega = 2$ [rad/秒] における周波数特性を求めることができる．利得が $\frac{1}{\sqrt{2}}$ 倍，位相が $\left(-\frac{\pi}{4}\right)$ [rad] である．よって，入力振幅 2 を $\frac{1}{\sqrt{2}}$ 倍した $2 \times \frac{1}{\sqrt{2}} = \sqrt{2}$ が出力の最大振幅に等しく，位相が $\frac{\pi}{4}$ [rad] 遅れることになり，式 (5.86) の第 2 項の定常応答（正弦波入力に対する応答出力）に一致することがわかる．なお，cos 波形の入力に対しては，ラプラス変換の実数部を求めればよい．

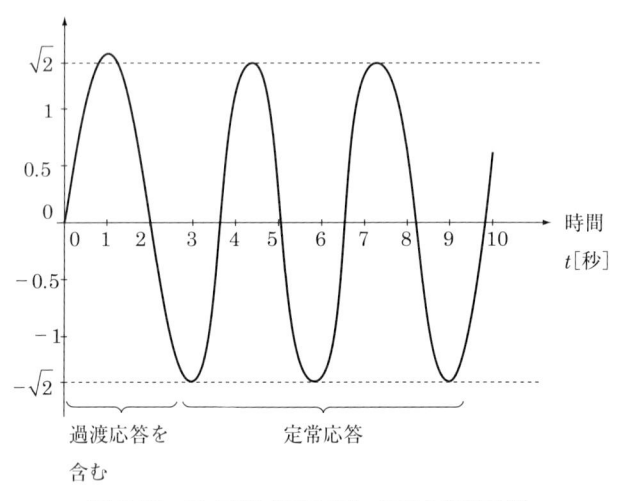

図 5.37 RL 回路 [図 5.35] の出力応答波形

第6章 z変換による ディジタル・システム 解析を理解しよう

　今の世の中，何でもディジタルだらけだ．まさに，ディジタル万能時代のまっただ中．ディジタルTV，ディジタル携帯電話，ディジタルによるロボット制御などなど，身の周りのものはことごとく四則演算による処理（ディジタル・システム）に置き換えられているといっても過言ではない．
　ここでは，z変換の適用手順を紹介するために，ディジタル・システムの具体例として四則演算で実現するフィルタ（**ディジタル・フィルタ**という）を取り上げることにする．一般に，ディジタル・フィルタは差分方程式で記述されるが，z変換にはこうした方程式の解法手順を簡単にするだけでなく，伝達関数（あるいはシステム関数）の概念につながる内容が含まれる．

さらには，この概念はディジタル・フィルタの設計において基本となるものであり，構成要素の遅延器（レジスタ），乗算器，加算器の接続のようすを表す数式表現との関連性を導いて，電気回路のコイルやコンデンサの働きを四則演算で肩代わりできることを示す．

6-1 アナログ・システムからディジタル・システムへ

アナログ・システムを表す微積分方程式から，差分方程式で表せるディジタル・システムへと変換するプロセスを示そう．

◆微分方程式（RL 回路）のディジタル化

いま，図 6.1 のアナログ・システム（抵抗とコイルで構成される電気回路）をディジタル・システムに変換して四則演算で実現すること（ディジタル化）を考えてみよう．

図 6.1 の RL 回路において，アナログ入力電圧 $x(t)$ に対するアナログ出力電圧 $y(t)$ を求めてみる．抵抗 $R[\Omega]$ に流れる電流 $i(t)$ はオームの法則に基づき，

$$i(t) = \frac{y(t)}{R} \tag{6.1}$$

であり，コイル L にかかる電圧 $v_L(t)$ はインダクタンス $L[H]$ を用いて，

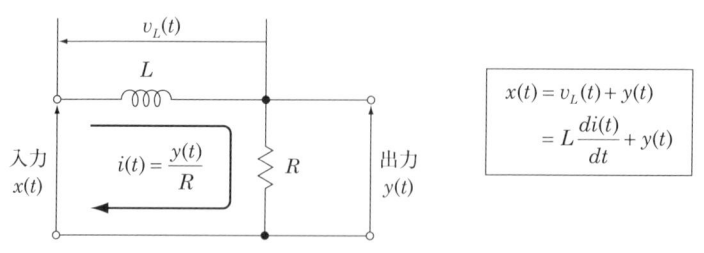

図 6.1　RL 回路（ローパス特性）の微分方程式による表現

$$x(t) = v_L(t) + y(t) = L\frac{di(t)}{dt} + y(t)$$

$$v_L(t) = L\frac{di(t)}{dt} = \frac{L}{R}\frac{dy(t)}{dt}$$

となる．したがって，キルヒホッフの電圧則によれば，抵抗RとコイルLの端子電圧の和が入力電圧 $x(t)$ に等しいので，

$$\frac{L}{R}\frac{dy(t)}{dt} + y(t) = x(t) \tag{6.2}$$

という微分方程式が導かれる．

さて，**図6.1**のアナログ・システムを四則演算で置き換えるポイントは，入力および出力信号を単にディジタル化することにある．つまり，式(6.2)の微分方程式を $t=t_0$ の時刻でサンプリングすればよいので，$t=t_0$ を式(6.2)に代入すれば，

$$\left.\frac{L}{R}\frac{dy(t)}{dt}\right|_{t=t_0} = -y(t_0) + x(t_0) \tag{6.3}$$

となる関係が得られる．ここで，左辺の $t=t_0$ の時刻における微分値は，

$$\left.\frac{dy(t)}{dt}\right|_{t=t_0} = \lim_{\Delta t \to 0}\frac{\Delta y}{\Delta t} = \lim_{\Delta t \to 0}\frac{y(t_0) - y(t_0 - \Delta t)}{\Delta t} \tag{6.4}$$

で定義される（**図6.2**）．

よって，アナログ出力信号 $y(t)$ が Δt ［秒］ごとにサンプリングされるとすれば，連続時間 t を Δt ［秒］ごとの一定間隔の時刻で考えることになる

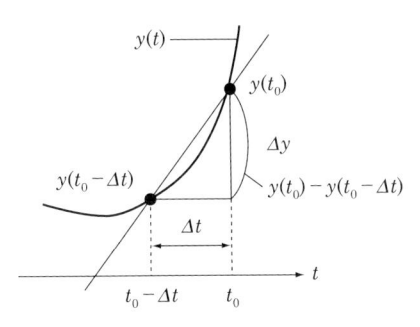

図6.2　微分の定義

177

ので，$t_0 = k\Delta t$，$\Delta t = T$ とおけば，式（6.4）は，

$$\left.\frac{dy(t)}{dt}\right|_{t=kT} \cong \lim_{T \to 0} \frac{y(kT) - y(kT-T)}{T} \tag{6.5}$$

と置き換えられる．このとき，サンプリング間隔 T を 0 にした極限値が微分に相当するが，サンプリングによりディジタル化されているので極限をとらないことにすれば，

$$\left.\frac{dy(t)}{dt}\right|_{t=kT} \cong \frac{y_k - y_{k-1}}{T} \quad ; y_k = y(kT), \quad y_{k-1} = y((k-1)T) \tag{6.6}$$

と表される．したがって，式（6.3）と式（6.6）より，

$$\frac{L}{R}\frac{y_k - y_{k-1}}{T} = -y_k + x_k$$

となり，

$$\begin{aligned} y_k = ay_{k-1} + bx_k \quad &;a = \frac{1}{1+1/\tau} = \frac{\tau}{1+\tau}, \\ &b = \frac{1/\tau}{1+1/\tau} = \frac{1}{1+\tau}, \quad \tau = \frac{L/R}{T} \end{aligned} \tag{6.7}$$

と表される差分方程式が導かれる．

式（6.7）のディジタル・システムの差分方程式は，高校で学習する無限級数の漸化式に類似するもので，

$$\begin{cases} \quad \vdots \\ y_0 = ay_{-1} + bx_0 \\ y_1 = ay_0 + bx_1 \\ y_2 = ay_1 + bx_2 \\ y_3 = ay_2 + bx_3 \\ \quad \vdots \end{cases} \tag{6.8}$$

のように，次々と計算を進めていくことができるので，図 6.1 に示す RL 回路のディジタル版ということになる．

◆積分方程式（RC回路）のディジタル化

今度は，図6.3のアナログ・システム（抵抗とコンデンサで構成される電気回路）をディジタル化してみよう．

まず，図6.3のRC回路において，アナログ入力電圧 $x(t)$ に対するアナログ出力電圧 $y(t)$ を求める．抵抗 $R[\Omega]$ に流れる電流 $i(t)$ は，オームの法則より，

$$i(t) = \frac{y(t)}{R} \tag{6.9}$$

であり，コンデンサに流れて充電されることから，静電容量 $C[\mathrm{F}]$ を用いて，キルヒホッフの法則より，

$$y(t) + \frac{1}{C}\int_{-\infty}^{t} i(\tau)d\tau = x(t) \tag{6.10}$$

となる．式（6.9）を式（6.10）に代入すれば，最終的に入出力電圧の関係として，

$$y(t) + \frac{1}{CR}\int_{-\infty}^{t} y(\tau)d\tau = x(t) \tag{6.11}$$

で表される積分方程式が導かれる．

微分方程式のディジタル化と同じように考えて，式（6.11）の積分方程式をサンプリングすればよいので，式（6.11）に $t = t_0$ を代入すれば，

$$y(t_0) + \frac{1}{CR}\int_{-\infty}^{t_0} y(\tau)d\tau = x(t_0) \tag{6.12}$$

となる関係が得られる（図6.4）．また，$t = t_0 - \Delta t$ の時刻における式（6.11）は，

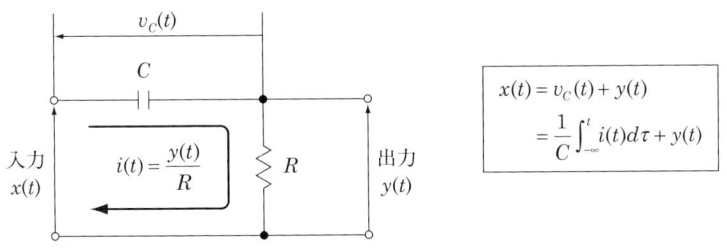

図6.3　RC回路（ハイパス特性）の積分方程式による表現

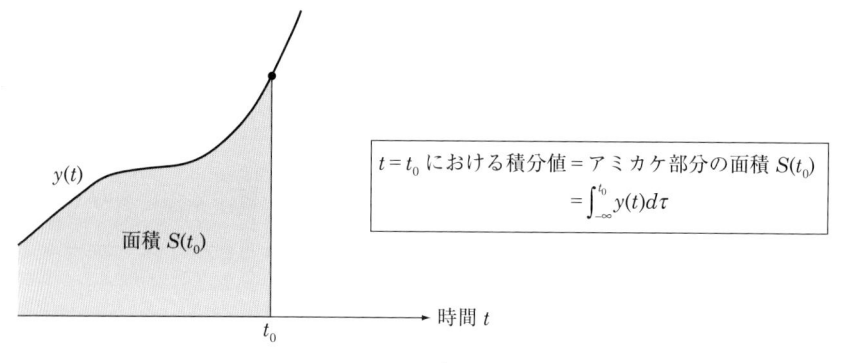

図 6.4　時間積分 $\int_{-\infty}^{t} y(\tau)d\tau$ の定義

$$y(t_0 - \Delta t) + \frac{1}{CR}\int_{-\infty}^{t_0 - \Delta t} y(\tau)d\tau = x(t_0 - \Delta t) \tag{6.13}$$

で与えられる．

次に，式（6.12）と式（6.13）の両辺をひき算すれば，

$$y(t_0) - y(t_0 - \Delta t) + \frac{1}{CR}\left\{\int_{-\infty}^{t_0} y(\tau)d\tau - \int_{-\infty}^{t_0 - \Delta t} y(\tau)d\tau\right\} = x(t_0) - x(t_0 - \Delta t)$$

となり，

$$y(t_0) - y(t_0 - \Delta t) + \frac{1}{CR}\int_{t_0 - \Delta t}^{t_0} y(\tau)d\tau = x(t_0) - x(t_0 - \Delta t) \tag{6.14}$$

と表される．そこで $t_0 = k\Delta t$，$\Delta t = T$ と置いて T[秒] 間隔でサンプリングすることにより，

$$y_k - y_{k-1} + \frac{1}{CR}\int_{(k-1)T}^{kT} y(\tau)d\tau = x_k - x_{k-1} \tag{6.15}$$

ただし，$y_k = y(kT)$，$y_{k-1} = y(kT - T) = y((k-1)T)$
$x_k = x(kT)$，$x_{k-1} = x(kT - T) = x((k-1)T)$

となる関係が導出できる．

さらに，式（6.15）の積分部分は図 6.5 に示すアミカケ部分の面積に相

当するので，近似して計算することによってディジタル化できる．例えば，図 6.5 に示すような長方形の面積とみなして近似すれば，

$$\int_{(k-1)T}^{kT} y(\tau)d\tau = Ty_{k-1} \tag{6.16}$$

となり，式（6.15）は，

$$y_k - y_{k-1} + \frac{T}{CR}y_{k-1} = x_k - x_{k-1}$$

と表される．最終的には，出力 y_k に関して解き，

$$y_k = ay_{k-1} + x_k - x_{k-1} \quad ; a = 1 - \frac{1}{\tau}, \quad \tau = \frac{CR}{T} \tag{6.17}$$

と変形できる．

式（6.17）の差分方程式を有するディジタル・システムは，

$$\begin{cases} \vdots \\ y_0 = ay_{-1} + x_0 - x_{-1} \\ y_1 = ay_0 + x_1 - x_0 \\ y_2 = ay_1 + x_2 - x_1 \\ y_3 = ay_2 + x_3 - x_2 \\ \vdots \end{cases} \tag{6.18}$$

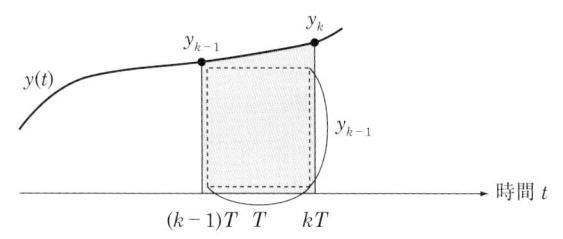

図 6.5　式（6.15）における積分値計算の考え方

のように，次々と計算を進めていくことができるので，図6.3に示すRC回路のディジタル版ということになる．

このように，アナログ・システムの微分方程式や積分方程式を，ディジタル・システムの差分方程式に書き換えることによって，抵抗，コンデンサ，コイルなどで構成される電気回路が四則演算で実現されたわけだ．なんとなく，驚異的な感じがする．

6-2 差分方程式と伝達関数

いま，ディジタル・システムに入力信号として，

$$\{x_k\}_{k=-\infty}^{k=\infty} \quad ; x_k = 0 \quad (k<0) \tag{6.19}$$

を加えたとき，

$$\{y_k\}_{k=-\infty}^{k=\infty} \quad ; y_k = 0 \quad (k<0) \tag{6.20}$$

が出力信号として得られたとする（図6.6）．このとき，入力および出力のz変換はそれぞれ，

$$X(z) = \sum_{k=0}^{\infty} x_k z^{-k} \tag{6.21}$$

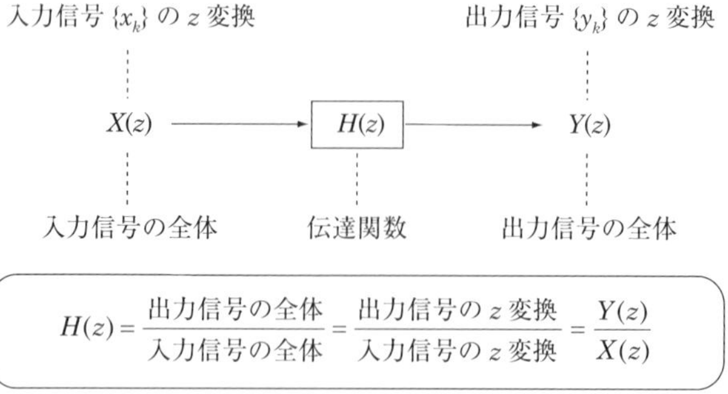

入力信号 $\{x_k\}$ のz変換　　　　　　出力信号 $\{y_k\}$ のz変換

$X(z) \longrightarrow \boxed{H(z)} \longrightarrow Y(z)$

入力信号の全体　　伝達関数　　出力信号の全体

$$H(z) = \frac{\text{出力信号の全体}}{\text{入力信号の全体}} = \frac{\text{出力信号の}z\text{変換}}{\text{入力信号の}z\text{変換}} = \frac{Y(z)}{X(z)}$$

図6.6　伝達関数の定義

$$Y(z) = \sum_{k=0}^{\infty} y_k z^{-k} \tag{6.22}$$

で表され，ディジタル・システムの**伝達関数**（あるいは**システム関数**ともいう）は，

$$H(z) = \frac{\text{出力信号の z 変換}}{\text{入力信号の z 変換}} = \frac{Y(z)}{X(z)} \tag{6.23}$$

で定義される．

　一般に，ディジタル・システムの入出力関係は，

$$y_k = \sum_{n=1}^{N} a_n y_{k-n} + \sum_{m=0}^{M} b_m x_{k-m} \tag{6.24}$$

のような差分方程式で記述される．

　式（6.24）において，過去の出力（y_{k-1}, y_{k-2}, …, y_{k-n}）を現時刻の出力 y_k の計算で用いない，すなわちフィード・バック（帰還ループ）がない（$a_n = 0$; $n = 1, 2, …, N$）ときは，

$$y_k = \sum_{m=0}^{M} b_m x_{k-m} \tag{6.25}$$

となり，このようなディジタル・システムは**非巡回形**（または**非再帰形**）と呼ばれる．

　一方，フィード・バックがある（少なくとも一つは，$a_n \neq 0$）のときが式（6.24）の形の差分方程式で表されるディジタル・システムは，**巡回形**（または**再帰形**）と呼ばれる．

　それでは，式（6.24）の z 変換を求めてみよう．z 変換の定義式より，式（6.22）の y_k に式（6.24）を代入して，

$$\begin{aligned} Y(z) &= \sum_{k=0}^{\infty} \left\{ \sum_{n=1}^{N} a_n y_{k-n} + \sum_{m=0}^{M} b_m x_{k-m} \right\} z^{-k} \\ &= \sum_{n=1}^{N} a_n \left\{ \sum_{k=0}^{\infty} y_{k-n} z^{-k} \right\} + \sum_{m=0}^{M} b_m \left\{ \sum_{k=0}^{\infty} x_{k-m} z^{-k} \right\} \end{aligned}$$

と表される．次に，$k - n = \ell$, $k - m = \tilde{\ell}$ と置けば，

$$Y(z) = \sum_{n=1}^{N} a_n \left\{ \sum_{\ell=-n}^{\infty} y_\ell z^{-(\ell+n)} \right\} + \sum_{m=0}^{M} b_m \left\{ \sum_{\tilde{\ell}=-m}^{\infty} x_{\tilde{\ell}} z^{-(\tilde{\ell}+m)} \right\}$$

となり，式（6.19）～式（6.22）を適用すれば，

$$Y(z) = \sum_{n=1}^{N} a_n z^{-n} \left\{ \sum_{\ell=0}^{\infty} y_\ell z^{-\ell} \right\} + \sum_{m=0}^{M} b_m z^{-m} \left\{ \sum_{\tilde{\ell}=0}^{\infty} x_{\tilde{\ell}} z^{-\tilde{\ell}} \right\}$$

$$= Y(z) \sum_{n=1}^{N} a_n z^{-n} + X(z) \sum_{m=0}^{M} b_m z^{-m}$$

と変形できる．したがって，式（6.23）に基づき，ディジタル・システムの伝達関数 $H(z)$ は，

$$H(z) = \frac{Y(z)}{X(z)} = \frac{\sum_{m=0}^{M} b_m z^{-m}}{1 - \sum_{n=1}^{N} a_n z^{-n}} = \frac{B(z)}{A(z)} \quad ; A(z) = 1 - \sum_{n=1}^{N} a_n z^{-n}, \quad (6.26)$$

$$B(z) = \sum_{m=0}^{M} b_m z^{-m}$$

と得られる．ここで，分母項 $A(z)$ の定数項は必ず「1」であること，かつ，分母項 $A(z)$ の定数項を除いた係数値が差分方程式［式(6.24)］のフィードバック係数 $\{a_n\}_{n=1}^{n=N}$ を符号反転した値 $\{-a_n\}_{n=1}^{n=N}$ であることに注意してもらいたい．

なお，伝達関数 $H(z)$ が有理関数［分母項 $A(z)$ と分子項 $B(z)$ の比］で表されるディジタル・システムは**巡回形**（フィード・バックあり）に分類され，z^{-1} に関するべき級数の形式で表されるディジタル・システムは**非巡回形**（フィード・バックなし）に分類される．

6-3 FIRシステムとIIRシステム

次は，伝達関数とインパルス応答の相互関係である（**図 4.17** を参照）．まず，巡回形ディジタル・システムでは，式（6.24）に基づき，インパル

ス系列 $\{\delta_k\}_{k=-\infty}^{k=\infty}$ すなわち,

$$\delta_k = \begin{cases} 1 & ;k = 0 \\ 0 & ;k \neq 0 \end{cases}$$

を入力するとき,応答出力 $\{y_k\}_{k=-\infty}^{k=\infty}$ は**インパルス応答** $\{h_k = y_k\}_{k=-\infty}^{k=\infty}$ と呼ばれる.例えば $N \geq M$ の場合,

$$\begin{cases} h_0 = b_0 \\ h_1 = b_1 + a_1 \cdot h_0 \\ h_2 = b_2 + a_1 \cdot h_1 + a_2 \cdot h_0 \\ h_3 = b_3 + a_1 \cdot h_2 + a_2 \cdot h_1 + a_3 \cdot h_0 \\ \vdots \end{cases} \tag{6.27}$$

の漸化式計算として与えられる.一般的に,$t = kT$ におけるインパルス応答出力値 $h_k = h(kT)$ は,

$$h_k = b_k + a_1 \cdot h_{k-1} + a_2 \cdot h_{k-2} + \cdots + a_k \cdot h_0 \tag{6.28}$$

ただし,$k > M$ なら $b_k = 0$,$k > N$ なら $a_k = 0$

と表され,継続時間は無限となる.

一方,フィードバック係数 $\{a_k\}_{k=1}^{k=N}$ がすべて 0 の非巡回形ディジタル・システムでは,式(6.28)の漸化式[あるいは式(6.25)の差分方程式]に基づき,インパルス入力に対する応答出力 $\{h_k\}_{k=-\infty}^{k=\infty}$ は,

$$h_k = \begin{cases} b_k & ;k = 0,1,2,\cdots,M \\ 0 & ;k < 0, \quad k > M \end{cases} \tag{6.29}$$

となり,$\{b_0,\ b_1,\ b_2,\ \cdots,\ b_M,\ 0,\ 0,\ 0,\ \cdots\}$ のように伝達関数 $H(z)$ の係数 $\{b_m\}_{m=0}^{m=M}$ に一致して,インパルス応答の継続時間が有限に収まることがわかる.

以上のことから,インパルス応答の継続時間に着目して,ディジタル・システムを分類すれば,継続時間が有限のインパルス応答を有するものは**FIR システム**(Finite Impulse Response の略),無限のものは**IIR システム**(Infinite Impulse Response の略)と呼ばれる.通常,FIR システ

```
                              （非巡回形）
                  ┌─ FIR システム ─┬─ フィードバックなし ─┐
                  │              │                    ├── インパルス応答の
                  │              └─ フィードバックあり  │    継続時間が有限
ディジタル・システム ─┤                 （共振器などで構成 ─┘
                  │                  する特殊なもの）
                  │
                  └─ IIR システム ──── フィードバックあり ──── インパルス応答の
                                                              継続時間が無限
                                      （巡回形）
```

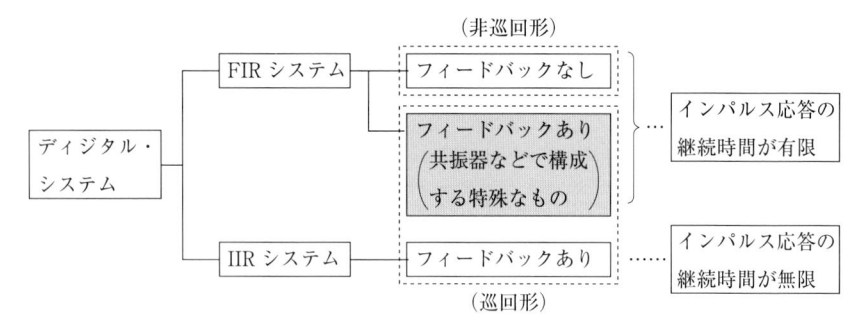

図 6.7　ディジタル・システムの分類

ムは非巡回形（フィード・バックなし），IIR システムは巡回形（フィード・バックあり）に対応するが，例外的に巡回形で FIR システムとなるものもあり，ディジタル・システムは図 6.7 のように分類される．

◆FIR システム

それでは，二つの FIR システムの伝達関数として，

$$H_1(z) = 5 + 5z^{-1} + 5z^{-2} + 5z^{-3} \quad \text{：非巡回形システム} \\ \text{（フィードバックなし）} \tag{6.30}$$

$$H_2(z) = \frac{5 - 5z^{-4}}{1 - z^{-1}} \quad \text{：巡回形システム} \\ \text{（フィードバックあり）} \tag{6.31}$$

を考え，式（6.24）あるいは式（6.25）に基づき，インパルス応答を求めてみよう．いずれのフィルタも継続時間が有限のインパルス応答（図 6.8）になり，フィードバックの有無に関係ないことがわかる．つまり，$H_1(z)$ と $H_2(z)$ は同じ伝達関数を有する FIR システムであり，フィードバックがあっても，インパルス応答の継続時間が有限となるシステム構成が可能となるわけである（図 6.7 のアミカケ部分）．実は，

$$H_2(z) = \frac{5 - 5z^{-4}}{1 - z^{-1}} = 5 + 5z^{-1} + 5z^{-2} + 5z^{-3} = H_1(z)$$

と同一の伝達関数になるので，インパルス応答が一致することは明らかで

振幅 $\{y_k\}$

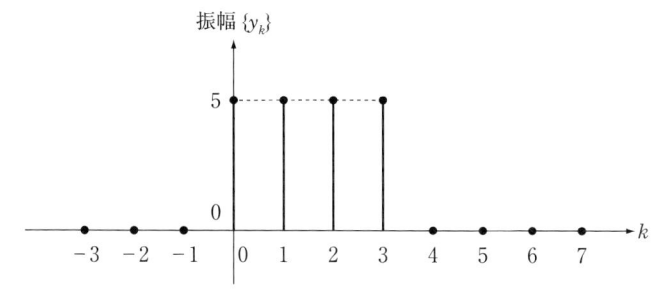

図 6.8　FIR システム［式（6.30），式（6.31）］のインパルス応答波形

ある．このように，べき級数の総和と有理関数が同じになるという奇異な感じがするが，FIR システムを"フィードバックあり"の巡回形で構成できる場合もあるわけだ．

ナットクの例題 6-1

式（6.30），式（6.31）の伝達関数 $H_1(z)$，$H_2(z)$ を有するディジタル・システムの差分方程式を示せ．

【答えはこちら→】

式（6.23）の伝達関数の定義より，式（6.30）の FIR（非巡回形）システムは，

$$H_1(z) = \frac{Y(z)}{X(z)} = 5 + 5z^{-1} + 5z^{-2} + 5z^{-3}$$

と表されるので，入力信号の z 変換 $X(z)$ を両辺に乗ずる．その結果は，z 変換表を適用することによって，

$$\begin{aligned}
Y(z) &= (5 + 5z^{-1} + 5z^{-2} + 5z^{-3})X(z) \\
&= 5X(z) + 5z^{-1}X(z) + 5z^{-2}X(z) + 5z^{-3}X(z) \\
&\Updownarrow \quad\quad \Updownarrow \quad\quad\quad \Updownarrow \quad\quad\quad \Updownarrow \quad\quad\quad \Updownarrow \\
y_k &= 5x_k + 5x_{k-1} + 5x_{k-2} + 5x_{k-3}
\end{aligned}$$

となる差分方程式が得られる．

同様に，式（6.31）の IIR（巡回形）システムは，

$$H_2(z) = \frac{Y(z)}{X(z)} = \frac{5 - 5z^{-4}}{1 - z^{-1}}$$

と表されるので，入力信号の z 変換 $X(z)$ と分母項 $(1-z^{-1})$ を両辺に乗ずる．その結果は，

$$(1-z^{-1})Y(z) = (5-5z^{-4})X(z)$$

となるので，z 変換表を適用することによって，

$$Y(z) - z^{-1}Y(z) = 5X(z) - 5z^{-4}X(z)$$
$$\Updownarrow \qquad \Updownarrow \qquad \Updownarrow \qquad \Updownarrow$$
$$y_k \quad - \quad y_{k-1} \quad = \quad 5x_k \quad - \quad 5x_{k-4}$$

と表され，最終的に次の差分方程式が導かれる．

$$y_k = y_{k-1} + 5x_k - 5x_{k-4}$$

◆IIR システム

いま，IIR システムの伝達関数 $H(z)$ を，

$$H(z) = \frac{1}{(1-pz^{-1})(1-\bar{p}z^{-1})} \quad ; \bar{p} \text{ は } p \text{ の複素共役,} \quad |p| < 1 \qquad (6.32)$$

とし，例えば $p = 0.5 + j0.5$ および $\bar{p} = 0.5 - j0.5$ に対するインパルス応答を求めてみよう（図 6.9）．図 6.9 より，インパルス応答の継続時間が無限

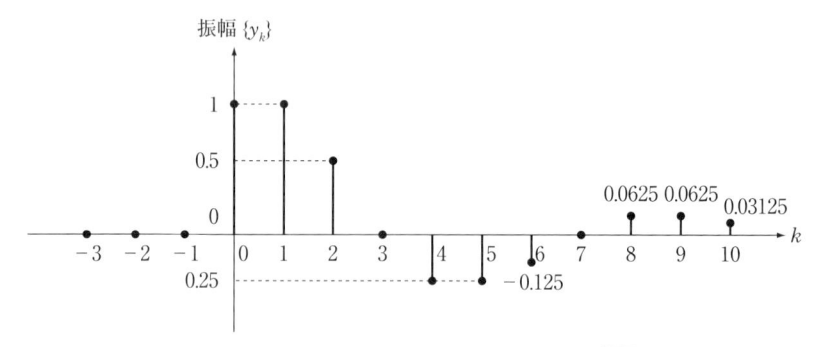

図 6.9 IIR システム [式 (6.32)] のインパルス応答波形（$r = \sqrt{0.5}$, $\theta = \pi/4$ の場合）

であり，時間の経過とともに振動しながら減衰する波形となることがわかる．一般には，

$$p = re^{j\theta} \qquad ;0 < r < 1 \tag{6.33}$$

と置けば，$\bar{p} = re^{-j\theta}$ であり，インパルス応答 $\{h_k\}_{k=-\infty}^{k=\infty}$ は次のように表される．

$$h_k = \begin{cases} r^k \dfrac{\sin[(k+1)\theta]}{\sin\theta} & ;k \geq 0 \\ 0 & ;k < 0 \end{cases} \tag{6.34}$$

ナットクの例題 6-2

式（6.34）を導出せよ．

[答えはこちら→]

式（6.32）を部分分数分解し，z 変換表を利用すれば，

$$\begin{aligned} H(z) &= \frac{1}{(1-pz^{-1})(1-\bar{p}z^{-1})} \\ &= \frac{c}{1-pz^{-1}} + \frac{\bar{c}}{1-\bar{p}z^{-1}} \quad ; c = \frac{1}{1-\bar{p}/p}, \quad \bar{c} = \frac{1}{1-p/\bar{p}} \end{aligned}$$

$$\Updownarrow \qquad \Updownarrow \qquad \Updownarrow$$

$$h_k = c \cdot p^k + \bar{c} \cdot \bar{p}^k$$

と表される（$\bar{c}$ は c の複素共役）．ここで，式（6.33）より得られる関係，すなわち $p = re^{j\theta}$ と $\bar{p} = re^{-j\theta}$ を代入して，オイラーの公式（$e^{j\theta} = \cos\theta + j\sin\theta$，$e^{-j\theta} = \cos\theta - j\sin\theta$）を適用すると，

$$\begin{cases} c = \dfrac{1}{1-\bar{p}/p} = \dfrac{1}{1-e^{-j2\theta}} = \dfrac{e^{j\theta}}{e^{j\theta}-e^{-j\theta}} = \dfrac{e^{j\theta}}{j2\sin\theta} \\ \bar{c} = \dfrac{1}{1-p/\bar{p}} = \dfrac{1}{1-e^{j2\theta}} = \dfrac{e^{-j\theta}}{e^{-j\theta}-e^{j\theta}} = -\dfrac{e^{-j\theta}}{e^{j\theta}-e^{-j\theta}} = -\dfrac{e^{-j\theta}}{j2\sin\theta} \end{cases}$$

と展開係数が求まる．したがって，インパルス応答 $\{h_k\}_{k=-\infty}^{k=\infty}$ は次のように計算できる．

$$h_k = c \cdot p^k + \overline{c} \cdot \overline{p}^k = \frac{e^{j\theta}}{j2\sin\theta} \cdot (re^{j\theta})^k - \frac{e^{-j\theta}}{j2\sin\theta} \cdot (re^{-j\theta})^k$$

$$= \frac{r^k[e^{j(k+1)\theta} - e^{-j(k+1)\theta}]}{j2\sin\theta} = \frac{r^k[j2\sin\{(k+1)\theta\}]}{j2\sin\theta} = r^k \frac{\sin[(k+1)\theta]}{\sin\theta}$$

6-4 極,零点とシステムの安定性

ディジタル・システムの伝達関数 $H(z)$ が,ディジタル変数 z^{-1}(サンプリング間隔 T[秒]の時間遅れを意味する)の実係数多項式の比で表される有理関数として,

$$H(z) = \frac{Y(z)}{X(z)} = \frac{\sum_{m=0}^{M} b_m z^{-m}}{1 - \sum_{n=1}^{N} a_n z^{-n}} = \frac{B(z)}{A(z)} \quad ; A(z) = 1 - \sum_{n=1}^{N} a_n z^{-n}, \quad (6.35)$$

$$B(z) = \sum_{m=0}^{M} b_m z^{-m}$$

の形をしている IIR システムを考えてみよう [式(6.26)の再掲].なお,分母項が表す過去の出力からのフィードバックをなくせば,フィードバック係数 $\{a_n\}_{n=1}^{n=N}$ がすべて 0 となるので $A(z) = 1$ であり,FIR システムの伝達関数になる.

◆伝達関数の極,零点と z 平面

まず,式(6.35)を変形すると,

$$H(z) = \frac{\sum_{m=0}^{M} b_m z^{M-m}}{z^{M-N}\left(z^N - \sum_{n=1}^{N} a_n z^{N-n}\right)} \quad ; N \leq M \quad (6.36)$$

$$H(z) = \frac{z^{N-M} \sum_{m=0}^{M} b_m z^{M-m}}{z^N - \sum_{n=1}^{N} a_n z^{N-n}} \quad ; \quad N > M \tag{6.37}$$

と表せる．このとき，$H(z) = 0$ となる z の値を**零点**（zero）とよび，

$$\sum_{m=0}^{M} b_m z^{M-m} = 0 \tag{6.38}$$

で表される分子項の変数に関する高次方程式の根に相当する．

また，$H(z) = \infty$ となる z の値を**極**（pole）といい，

$$z^N - \sum_{n=1}^{N} a_n z^{N-n} = 0 \tag{6.39}$$

で表される分母項の変数に関する高次方程式の根に相当する．このとき，分子の次数 M が分母の次数 N より大きいときは，式（6.36）より $z = 0$（多重根で z 平面上の原点）の極をもつことになる．逆に，分母の次数 N が分子の次数 M より大きいときは，式（6.37）より $z = 0$ の多重の零点を有する．分母と分子が同じ次数のときは，$z = 0$ には零点も極も存在しない．

したがって，$z = 0$（原点）の零点と極を除いて考えれば，式（6.35）の分母を 0 にする z の値（$A(z) = 0$）が極，分子を 0 にする z の値（$B(z) = 0$）が零点ということになるというわけだ．

以上より，IIR システムの伝達関数［式（6.26）］は分母と分子がいずれもディジタル変数 z^{-1} に関する多項式なので，それぞれ因数分解すると，伝達関数 $H(z)$ は，

$$H(z) = \frac{B(z)}{A(z)} = H_0 \frac{(1 - q_1 z^{-1})(1 - q_2 z^{-1}) \cdots (1 - q_M z^{-1})}{(1 - p_1 z^{-1})(1 - p_2 z^{-1}) \cdots (1 - p_N z^{-1})} \quad ; H_0 \text{ は利得定数} \tag{6.40}$$

と表される．

ナットクの例題 6-3

次の各伝達関数について，零点と極を求め，z 平面上に表示せよ．

① $H_1(z) = \dfrac{1+z^{-1}+z^{-2}}{1-0.5z^{-1}}$ ② $H_2(z) = \dfrac{1+z^{-1}+z^{-2}}{1-0.5z^{-2}}$ ③ $H_3(z) = \dfrac{1+z^{-1}+z^{-2}}{1-0.5z^{-3}}$

[答えはこちら→]

極（×）と零点（○）の z 平面上における配置を図 6.10 に示す．$H_1(z)$ と $H_2(z)$ は分母と分子に z^2，$H_3(z)$ は z^3 を乗じて，

$$H_1(z) = \frac{z^2+z+1}{z(z-0.5)}, \quad H_2(z) = \frac{z^2+z+1}{z^2-0.5}, \quad H_3(z) = \frac{z(z^2+z+1)}{z^3-0.5}$$

と表せる．極は分母多項式を 0 にする値，零点は分子多項式を 0 にする値を求めればよい．

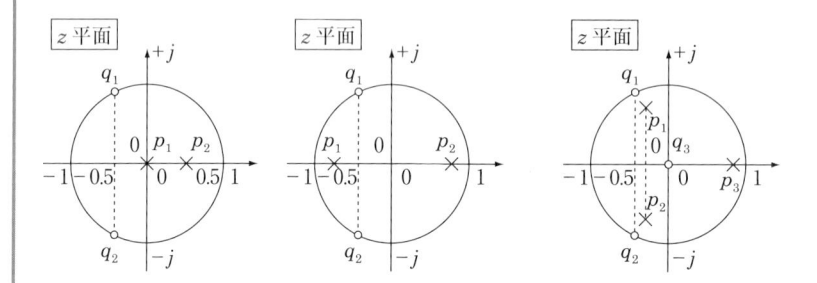

$\begin{bmatrix} p_1 = 0 \\ p_2 = 0.5 \\ q_1 = -0.5 + j0.866\cdots \\ q_2 = \bar{q}_1 = -0.5 - j0.866\cdots \end{bmatrix}$ $\begin{bmatrix} p_1 = -0.707\cdots \\ p_2 = 0.707\cdots \\ q_1 = -0.5 + j0.866\cdots \\ q_2 = \bar{q}_1 = -0.5 - j0.866\cdots \end{bmatrix}$ $\begin{bmatrix} p_1 = -0.396\cdots + j0.687\cdots \\ p_2 = \bar{p}_1 = -0.396\cdots + j0.687\cdots \\ p_3 = 0.793\cdots \\ q_1 = -0.5 + j0.866\cdots \\ q_2 = \bar{q}_1 = -0.5 - j0.866\cdots \\ q_3 = 0 \end{bmatrix}$

(a) $M>N$ [$H_1(z)$]　　(b) $M=N$ [$H_2(z)$]　　(a) $M<N$ [$H_3(z)$]

図 6.10　IIR システムの分子の次数（M）と分母の次数（N）の違いによる零点と極の配置例

◆システムの安定性（極の制約条件）

さて，IIR システムでは分母多項式 $A(z)$ があることに起因して，さまざまな問題となる現象が発生するが，とくに注意が必要なのは **"安定性"** である．IIR システムの安定性をどのようにして調べるかというと，インパルス入力に対する応答出力 $\{h_k\}_{k=0}^{k=\infty}$ を求めて，次の条件を満たすかどうかで判断する．

$$\lim_{k \to \infty} |h_k| \to 0 \tag{6.41}$$

ここで，高次の IIR システムの分母多項式 $A(z)$ は 1 次と 2 次の関数として因数分解されるので，安定性のチェックは 1 次と 2 次の IIR システムに限定して議論しておけばよいことになる．

▶ 1 次の IIR システムの安定性

いま，1 次の差分方程式，

$$y_k = a_1 y_{k-1} + x_k \quad ; a_1 \neq 0 \tag{6.42}$$

を有する IIR システムを考えてみよう．そこで，入力 $\{x_k\}_{k=0}^{k=\infty}$ をインパルス系列 $\{\delta_k\}_{k=0}^{k=\infty}$，$y_k = 0$（$k<0$）として，出力信号 $\{y_k\}_{k=0}^{k=\infty}$（インパルス応答 $\{h_k\}_{k=0}^{k=\infty}$ に相当）を求めてみると，簡単な計算から，

$$h_k = (a_1)^k \tag{6.43}$$

となるので，a_1 の値による応答出力の違いを図 6.11 に示す．とくに，$|a_1| = 1$（$a_1 = \pm 1$）のときは，減衰することなく出力が無限に続く（定常発振する）こともわかる．

図 6.11 から明らかなように，a_1 の値によって出力が発散，収束するが，

$$|a_1| < 1 \tag{6.44}$$

であれば，必ずインパルス応答が 0 に収束していくことが読み取れるので，式（6.44）が 1 次の IIR システムの安定条件といえる．このときの伝達関

(a) $a_1 > 1$　(b) $a_1 = 1$　(c) $1 > a_1 > 0$

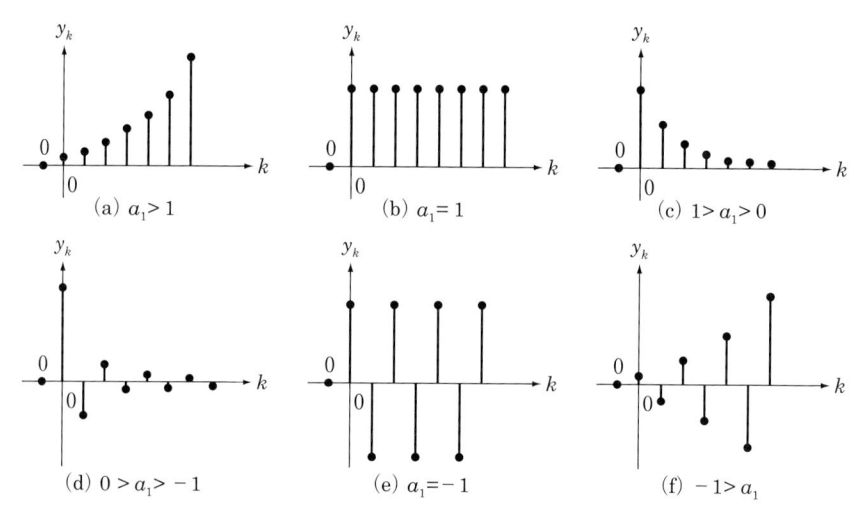

(d) $0 > a_1 > -1$　(e) $a_1 = -1$　(f) $-1 > a_1$

図6.11 係数 a_1 の値による出力信号（インパルス応答）の違い

数は，式 (6.42) の両辺を z 変換して求めると，

$$H(z) = \frac{Y(z)}{X(z)} = \frac{1}{1 - a_1 z^{-1}} \tag{6.45}$$

となり，極［分母多項式 $1 - a_1 z^{-1} = 0$ を満たす z の値］を z_p とすれば，

$$z_p = a_1 \tag{6.46}$$

であり，式 (6.44) の安定条件は，

$$|z_p| < 1 \tag{6.47}$$

と書き直せる．したがって，IIR システムの安定条件は，

　　極の絶対値が 1 より小さいこと

と言い換えられる．なお，式 (6.46) の関係より式 (6.43) のインパルス応答は，極 z_p を用いて，

$$h_k = (z_p)^k$$

となる別表現が得られる．

▶ 2次のIIRシステムの安定性

今度は，2次の伝達関数として，

$$H(z) = \frac{1}{1 - a_1 z^{-1} - a_2 z^{-2}} \quad ; a_2 \neq 0 \tag{6.48}$$

を有するIIRシステムを考える．つまり，

$$y_k = a_1 y_{k-1} + a_2 y_{k-2} + x_k \tag{6.49}$$

の差分方程式で表される．

さて，式（6.48）の伝達関数を有する2次のIIRシステムが安定かどうかを判断するポイントは，インパルス応答にあるので，さっそく調べてみよう．計算に際して，伝達関数の二つの極（分母多項式 $A(z) = 1 - a_1 z^{-1} - a_2 z^{-2} = 0$ となる z の値）を z_{p1}, z_{p2} と表せば，1次のIIRシステムの安定条件［式（6.47）］を適用することにより，

$$\left| z_{p_1} \right| < 1, \quad \left| z_{p_2} \right| < 1 \tag{6.50}$$

が2次のIIRシステムの安定条件になる（**図6.12**）．

このとき，2次のIIRシステムの安定条件として分母多項式 $A(z)$ の係数 (a_1, a_2) の範囲は，以下のようになる［参考文献（16）］．

(i) **極が実根**（判別式 $D = a_1^2 + 4a_2 \geq 0$）**の場合の安定条件**

$$\begin{cases} a_2 \geq -\dfrac{a_1^2}{4} & ；実根条件 \\ a_2 < -a_1 + 1 \\ a_2 < a_1 + 1 \end{cases} \tag{6.51}$$

(ii) **極が複素根**（判別式 $D = a_1^2 + 4a_2 < 0$）**の場合の安定条件**

$$\begin{cases} a_2 < -\dfrac{a_1^2}{4} & ；複素根条件 \\ 0 \geq a_2 > -1 \end{cases} \tag{6.52}$$

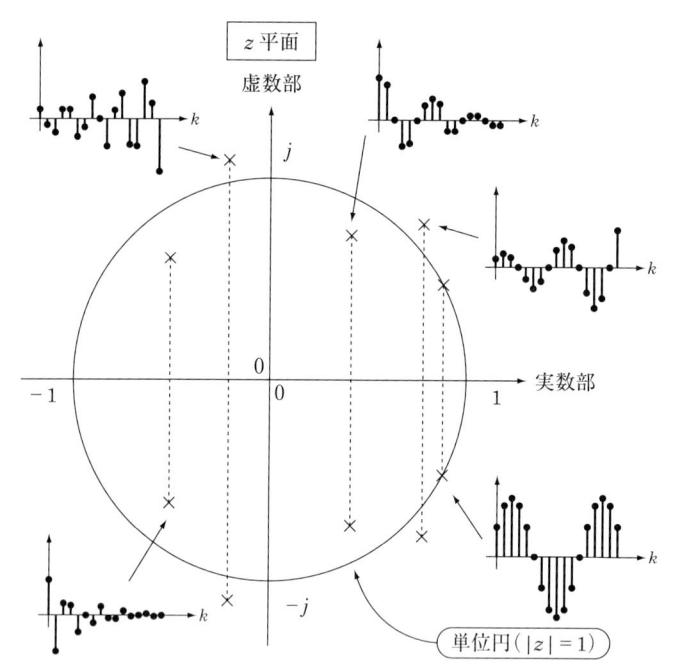

図6.12 伝達関数の極（複素数）の位置とインパルス応答の関係

得られた実根と複素根に対する安定条件［式 (6.51) と式 (6.52)］を，分母項 $A(z)$ の係数 (a_1, a_2) 平面上に図示すると，**図 6.13** に示す三角形の内部に係数があればよいことがわかる．

以上が 2 次 IIR システムの安定条件であり，実根と複素根のいずれの場合にも，

> 伝達関数 $H(z)$ の極，すなわち分母項 $A(z) = 0$ を満たす根が z 平面上の単位円（半径 1 の円）の内部に存在すれば，IIR システムは安定

である（図 6.14）．ここで，図 6.13 の三角形の辺上，すなわち図 6.14 の単位円周上に極がある場合には，インパルス応答は発散も減少もせず（**漸近安定**ということもある），一定の大きさの発振波形となる．

このように，絶対に安定で極をもたない（出力からのフィードバックがない）FIR システムに対して，極をもつ（出力からのフィードバックがある）IIR システムでは不安定にならないように安定性についての配慮が常に必要である．

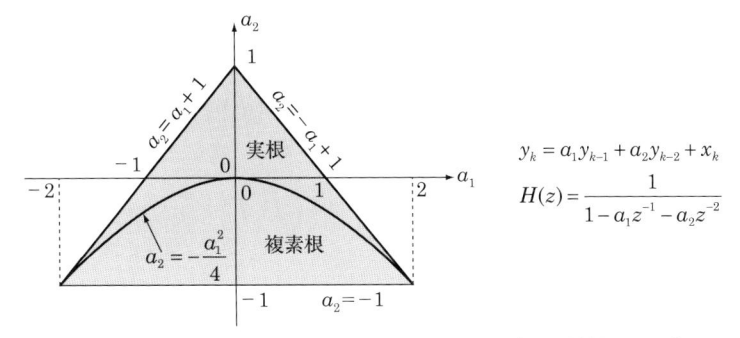

図6.13　2次のIIRシステムの安定領域（分母係数 a_1, a_2）

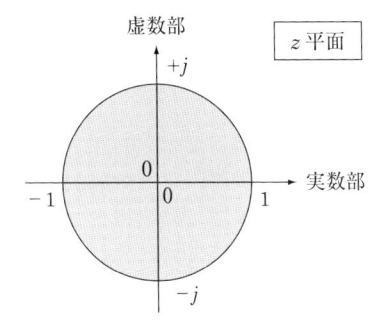

$$y_k = a_1 y_{k-1} + a_2 y_{k-2} + x_k$$

$$H(z) = \frac{1}{1 - a_1 z^{-1} - a_2 z^{-2}}$$

図6.14　IIRシステムの安定領域（z平面）

単位円の内部（アミカケ部分）	$|z| < 1$	安定（減衰）
単位円の円周上	$|z| = 1$	発振（振幅が一定の定常振動）
単位円の外部	$|z| > 1$	不安定（発散）

6-5　伝達関数と周波数特性

　ところで，入力信号の中から**所望の周波数成分だけを通過させ，不要な周波数成分を除去して出力する**という働き，すなわち**周波数選択性**を有するシステムはフィルタと呼ばれる．たとえて言うならば，フィルタとは家庭におけるゴミの分別処理といったところであろうか．

　まず最初に，フィルタが信号を通過させるとか，除去するということはどういうことを意味するのかを考えてみよう．このことは，**入力と出力の振幅（大きさ）の比**，すなわち**フィルタの利得**（ゲイン，gain）で評価すると便利である（図6.15）．例えば利得が '1' であれば，出力の大きさ

197

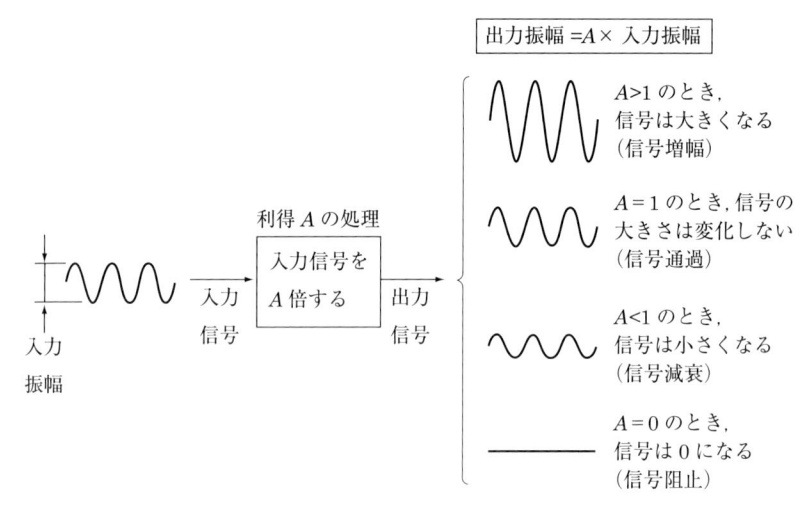

図6.15 フィルタ処理における利得（ゲイン）

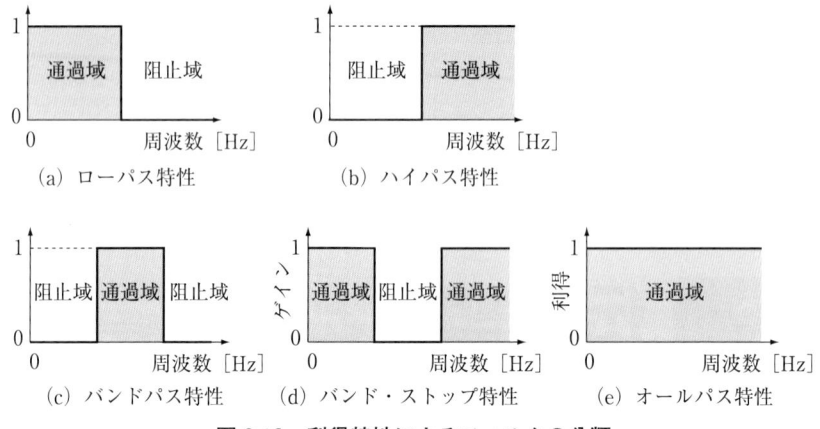

図6.16 利得特性によるフィルタの分類

は入力と同じで100%通過することを表す．一方，利得が'0'であれば，出力の大きさは0（0%）になり，除去される．つまり，入力信号の周波数によって利得が変化し，出力信号の大きさをコントロールする回路がフィルタであり，図6.16に示すような5種類に大別される．

ところで，アナログ・システムの例として取り上げた電気回路は，通常コイル，コンデンサ，抵抗などの素子を用いて構成される．コイル $L[\mathrm{H}]$，コンデンサ $C[\mathrm{F}]$ はそれぞれ，

$$j2\pi fL(=j\omega L) \quad , \quad \frac{1}{j2\pi fC}\left(=\frac{1}{j\omega C}\right) \tag{6.53}$$

と周波数によってインピーダンスが変わる素子であり，これら素子の組み合わせによって各種の伝達関数を実現している．つまり，コイルやコンデンサのもつ周波数に依存する電気的な性質を活用して，多様な周波数特性が作られるわけで，

アナログ・システムの周波数の素＝コイルとコンデンサ

と言える（図6.17）．

一方，ディジタル・システムでは，乗算，加算，遅延の3種類が使われているだけで，周波数に依存する回路素子は何もないのである．何もないのに，ディジタル・システムは周波数特性をもっている．「どうしてなんだろう，なぜだろう」という素朴な疑問が浮かんでも，なんの不思議もない．アナログ・システムにおけるコイルやコンデンサの電気的な働きの代わりをするものは，いったい3種類の演算素子のうちのいずれであろうか，さっそく調べてみよう．

それには，3種類の演算要素をすべて含むディジタル・システムを調べてみればよいわけで，一例として次の差分方程式で表されるFIRフィルタを採り上げてみよう（図6.18）．

$$y_k = ax_k + x_{k-1} \tag{6.54}$$

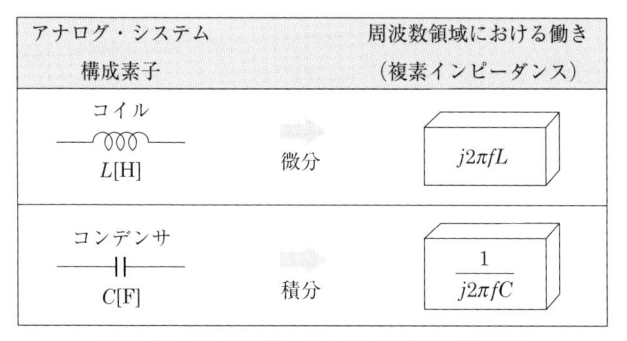

図6.17　アナログ・システムの周波数の素

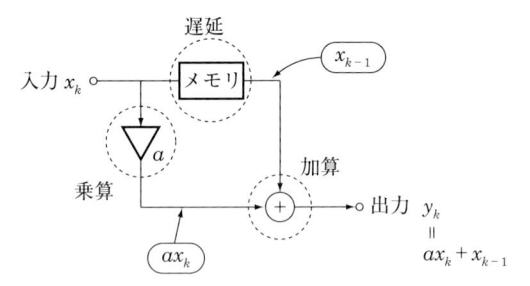

図 6.18　3 種類の演算要素を含むディジタル・システム

　周波数特性の解析には，複素正弦波 $x(t) = e^{j\omega t}$ を入力したときの出力信号を求めればよいので，入力するディジタル信号は，複素正弦波をサンプリングすればよい．すなわち，$t = kT$（T[秒] はサンプリング間隔）を代入することにより，

$$x_k = x(kT) = e^{jk\omega T} \tag{6.55}$$

と表される．式 (6.55) より，

$$x_{k-1} = x((k-1)T) = e^{j(k-1)\omega T} \tag{6.56}$$

であり，式 (6.54) の差分方程式に代入すると，

$$\begin{aligned} y_k &= ae^{jk\omega T} + e^{j(k-1)\omega T} \\ &= ae^{jk\omega T} + e^{jk\omega T} \times e^{-j\omega T} \\ &= \underbrace{e^{jk\omega T}}_{x_k}(a + e^{-j\omega T}) \end{aligned}$$

となり，

$$y_k = x_k(a + e^{-j\omega T}) \tag{6.57}$$

と変形される．最終的に，

$$\frac{y_k}{x_k} = a + e^{-j\omega T} \tag{6.58}$$

と表される FIR フィルタの周波数特性の式が導き出せる．式 (6.58) をじっ

くり見てみると,角周波数 ω ($=2\pi f$) が含まれている項 $e^{-j\omega T}$ は,式 (6.54) から周波数特性の式 (6.58) が導き出されるプロセスから x_{k-1} に相当していることがわかる.もう,お気づきのことと思うが,

ディジタル・システムの周波数の素＝遅延回路

と言えるのである.つまり,遅延(一時的に数値を保持するメモリ)がコイルやコンデンサの代わりをしていると見なせるということになる(図6.19).

次に,式 (6.54) の差分方程式の両辺を z 変換すると,

$$Y(z) = aX(z) + z^{-1}X(z) \tag{6.59}$$

となり,伝達関数 $H(z)$ は入力と出力の z 変換の比として,

$$H(z) = \frac{Y(z)}{X(z)} = a + z^{-1} \tag{6.60}$$

と表される.そこで,式 (6.58) と式 (6.60) とを見比べると,

$$z^{-1} = e^{-j\omega T}, \quad \text{あるいは} \quad z^{-1} = e^{-j2\pi fT} \tag{6.61}$$

となる関係が成立することがわかる.また,式 (6.61) の逆数をとって,

$$z = e^{j\omega T}, \quad \text{あるいは} \quad z = e^{j2\pi fT} \tag{6.62}$$

と表すことができ,伝達関数 $H(z)$ の変数 z に $e^{j\omega T}$(あるいは $e^{j2\pi fT}$)を代入すれば周波数特性が得られる.

以上より,IIR システムの周波数特性は,伝達関数 $H(z)$ の z 平面にお

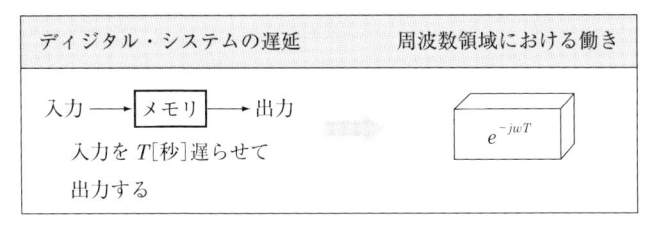

図 6.19 ディジタル・システムの周波数の素

ける極と零点の配置に基づいて推測することができる．例えば，式 (6.40) の伝達関数に対する周波数特性は，$z = e^{j\omega T}$（$= e^{j2\pi fT}$）を代入することにより求められる．

$$H(e^{j\omega T}) = H_0 \frac{(1-q_1 e^{-j\omega T})(1-q_2 e^{-j\omega T})\cdots(1-q_M e^{-j\omega T})}{(1-p_1 e^{-j\omega T})(1-p_2 e^{-j\omega T})\cdots(1-p_N e^{-j\omega T})} \quad (6.63)$$

ここで，図 6.20 に示すように，それぞれの極や零点から単位円周上の周波数の位置 $z = e^{j\omega T}$ へ向けてベクトルを描き，そのベクトルの大きさ（長さ，絶対値）と位相角度（偏角）を次のように表してみよう．

利得特性（入力が何倍されて出力されるのかを表す比率）に関係するベクトルの大きさは，単位円周上の周波数の位置 $z = e^{j\omega T}$ と零点あるいは極との距離であるから，

$$\begin{cases} \left|1-q_m e^{-j\omega T}\right| = \left|\dfrac{e^{j\omega T}-q_m}{e^{j\omega T}}\right| = \dfrac{\left|e^{j\omega T}-q_m\right|}{\left|e^{j\omega T}\right|} \\ \qquad\qquad = \left|e^{j\omega T}-q_m\right| = d_{qm} \quad \text{(零点との距離)} \\ \left|1-p_n e^{-j\omega T}\right| = \left|\dfrac{e^{j\omega T}-p_n}{e^{j\omega T}}\right| = \dfrac{\left|e^{j\omega T}-p_n\right|}{\left|e^{j\omega T}\right|} \\ \qquad\qquad = \left|e^{j\omega T}-p_n\right| = d_{pn} \quad \text{(極との距離)} \end{cases} \quad (6.64)$$

利得 $\left|H(e^{j\omega T})\right| = H_0 \dfrac{d_{q1} \times d_{q2} \times d_{q3}}{d_{p1} \times d_{p2} \times d_{p3}}$

位相 $\angle H(e^{j\omega T}) = (\theta_{q1} + \theta_{q2} + \theta_{q3}) - (\theta_{p1} + \theta_{p2} + \theta_{p3})$

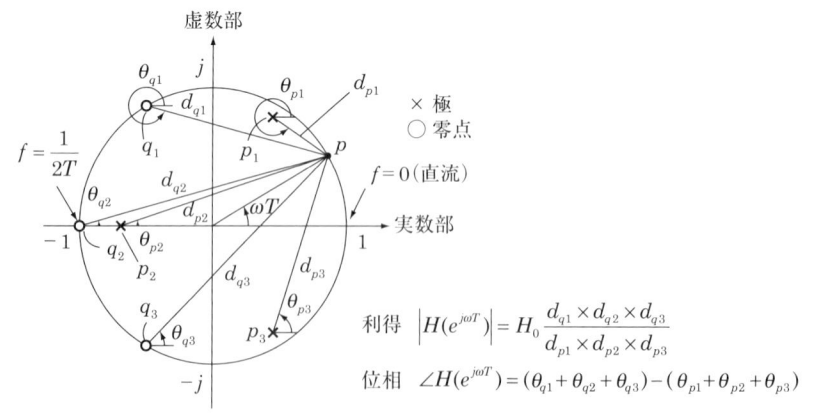

図 6.20 極および零点の位置に基づく周波数特性の考え方

で与えられる．また，位相特性（入力と応答出力の時間差を角度に換算した値）に関係する角度は，単位円周上の $z=e^{j\omega T}$ と零点あるいは極とがなす角度であるから，$\left|e^{j\omega T}\right|=1$ を考慮すれば，

$$
\begin{cases}
\angle\left(1-q_m e^{-j\omega T}\right) = \angle\left(\dfrac{e^{j\omega T}-q_m}{e^{j\omega T}}\right) \\
\qquad\qquad = \angle\left(e^{j\omega T}-q_m\right)-\angle\left(e^{j\omega T}\right) = \theta_{qm}-\omega T \quad (\theta_{qm};零点との偏角) \\
\angle\left(1-p_n e^{-j\omega T}\right) = \angle\left(\dfrac{e^{j\omega T}-p_n}{e^{j\omega T}}\right) \\
\qquad\qquad = \angle\left(e^{j\omega T}-p_n\right)-\angle\left(e^{j\omega T}\right) = \theta_{pn}-\omega T \quad (\theta_{pn};極との偏角)
\end{cases}
\tag{6.65}
$$

となる．このような表記を使えば，ディジタル・システムの利得特性 $\left|H(j\omega)\right|$ は，

$$
\left|H(e^{j\omega T})\right| = H_0 \frac{d_{q1}\times d_{q2}\times\cdots\times d_{qM}}{d_{p1}\times d_{p2}\times\cdots\times d_{pN}}
\tag{6.66}
$$

となり，位相特性 $\angle H(e^{j\omega T})$ は $\angle(e^{j\omega T})=\omega T$ を考慮して，

$$
\angle H(e^{j\omega T}) = (\theta_{q1}+\theta_{q2}+\cdots+\theta_{qM})-(\theta_{p1}+\theta_{p2}+\cdots+\theta_{pN})+(N-M)\omega T
\tag{6.67}
$$

と書くことができる．

したがって，単位円周上の $z=e^{j\omega T}$ を移動した（周波数 $\omega=2\pi f$ を変化させた）ときに，利得 $\left|H(e^{j\omega T})\right|$ と位相 $\angle H(e^{j\omega T})$ の値がどう変化するかを調べれば，それがディジタル・システムの周波数特性になる．

一例として，1次のIIRシステムの伝達関数 $H(z)$ が，

$$
H(z) = \frac{r-z^{-1}}{1-rz^{-1}} = r\cdot\frac{1-\dfrac{1}{r}z^{-1}}{1-rz^{-1}}
\tag{6.68}
$$

の周波数特性を求めてみよう．極と零点の個数が1個で，しかもその配置が図6.21に示すように単位円に関して逆数で実数のディジタル・システ

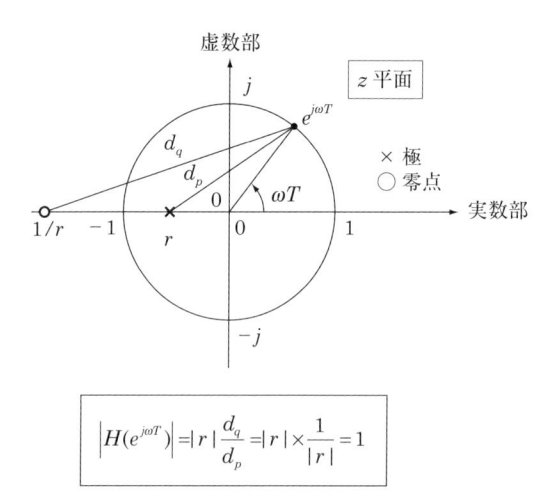

図6.21 オールパス特性を有するIIRシステムの極および零点の配置

$$\left|H(e^{j\omega T})\right| = |r|\frac{d_q}{d_p} = |r| \times \frac{1}{|r|} = 1$$

ムである．このときは，一対の極と零点との距離は，式（6.64）に基づき，

$$\begin{cases} \left|1 - \frac{1}{r}e^{-j\omega T}\right| = \left|e^{j\omega T} - \frac{1}{r}\right| = d_q \\ \left|1 - re^{-j\omega T}\right| = \left|e^{j\omega T} - r\right| = d_p \end{cases} \quad (6.69)$$

となる．よって，$e^{j\omega T} = \cos(\omega T) + j\sin(\omega T)$ と $\cos^2(\omega T) + \sin^2(\omega T) = 1$ の関係より，式（6.69）は，

$$\begin{cases} d_q = \sqrt{\{\cos(\omega T) - \frac{1}{r}\}^2 + \sin^2(\omega T)} = \frac{1}{|r|}\sqrt{1 - 2r\cos(\omega T) + r^2} \\ d_p = \sqrt{\{\cos(\omega T) - r\}^2 + \sin^2(\omega T)} = \sqrt{1 - 2r\cos(\omega T) + r^2} \end{cases} \quad (6.70)$$

となることから，式（6.66）の分母の d_p と分子の d_q が打ち消しあうから，利得特性 $\left|H(e^{j\omega T})\right|$ は周波数によらずに一定となり，位相のみが変化するという**オールパス特性**を有する．

第7章 アナログ&ディジタル信号処理シミュレータを体験してみよう

ゲーム感覚で
デザイン技術を
磨こう！

7-1 シミュレータ・ソフトのダウンロードとインストール

　ここでは，ラプラス変換を適用するアナログ・システム例として電気電子回路，z変換を利用するディジタル・システム例としてディジタル・フィルタを取り上げ，パソコンによるシミュレーションを紹介する．

　まず，シミュレーション・ソフトは，URLが，

http://micronet.jp/product/intersim/index.html

のマイクロネット（株）のホームページ（図7.1）を開いて,「**ハイブリッド・シミュレータ, InterSim**（Interactive Simulator）**無料評価版**」をダウンロードし，インストール後，実行する．

開始画面は,図7.2のように『InterSim活用ガイド』が表示される．「使い方や機能の参照（目次はこちらです）」の下線部を左クリックすると，図7.3の目次が現れるので，本シミュレータの利用方法や適用例の概要を知ることから始められたい．なお，ソフトウェア更新により表示画面が異なる場合があることをおことわりしておく．

最初は，アナログ・システム用の"サーキット・ビューワ（Circuit Viewer)"，およびディジタル・システム用の"DSPアナライザ"の使い方を知るために，それぞれ図7.3の①，②で示す「活用ガイドを開く。」の下線部を左クリックして，

○回路図を作成する。回路図を編集する。道具の使い方。
○計測機器の使い方

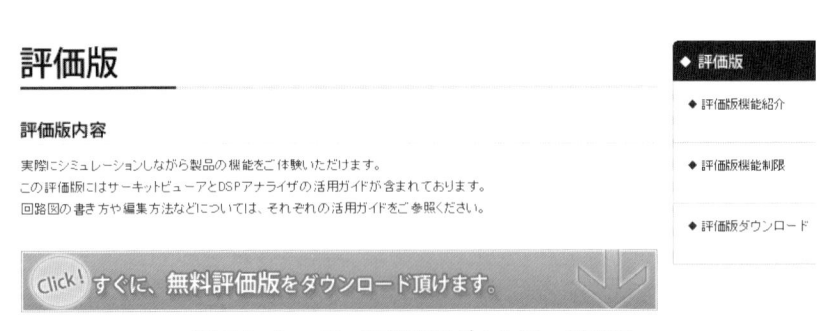

図7.1　InterSim 評価版のダウンロード画面

図7.2　InterSim（活用ガイド）

第7章 アナログ&ディジタル信号処理シミュレータを体験してみよう

オシロスコープや周波数アナライザ,ディジタルテスタ,シグナルジェネレータ,DC電源の使い方

を,実際に動かして体験することをお勧めしたい.

一応,本シミュレータ「InterSim」の使い方をマスターしたところで,図7.3の③で示す「フリースペース(実験室はこちらから)」の下線部を左クリックすると,図7.4に示すブレッド・ボードが現れる.このボード上に回路素子(抵抗,コイル,コンデンサ,トランジスタなど)や演算素

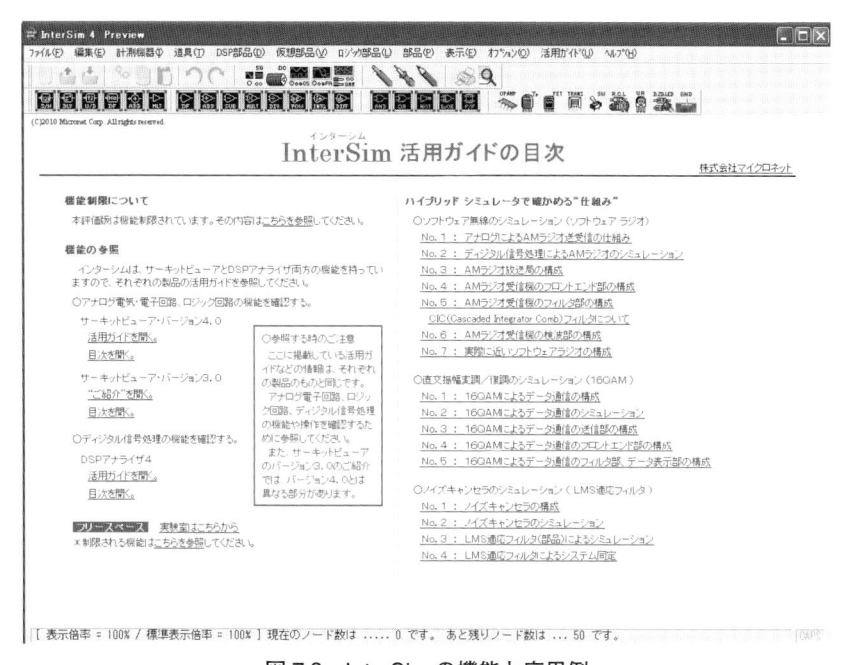

図7.3　InterSim の機能と応用例

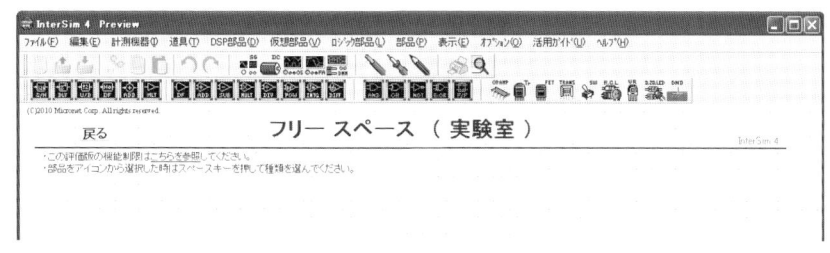

図7.4　実験室(シミュレーション画面,一部表示)

207

子（乗算器，加算器，遅延器など）を配置して，電気電子回路（アナログ・システム）やディジタル・フィルタ（ディジタル・システム）を構成するのである（後述，**7-2**，**7-3**を参照）．

多種多様な素子を配置し，リード線で接続・半田付けして，あたかも実際に実験しているような雰囲気が味わえるし，システム完成後は，オシロスコープや周波数アナライザなどの測定器を用いて，システム動作時の入出力波形や特性をグラフ表示することもできる．

このように，本シミュレータでは，回路作成と測定実験の疑似体験が可能であり，時間波形や周波数特性のリアルタイム表示とともに，信号処理のようすを直視できる（図7.5，図7.6）．

以下に，ハイブリッド・シミュレータ「InterSim」の特徴を箇条書きにしてまとめておくので，手持ち無沙汰なときにシミュレータの素晴らしさを是非とも体感していただきたい．

① アナログ回路，論理（ディジタル）回路，ディジタル信号処理が混在したシステムをシミュレーションできるハイブリッド型のシミュ

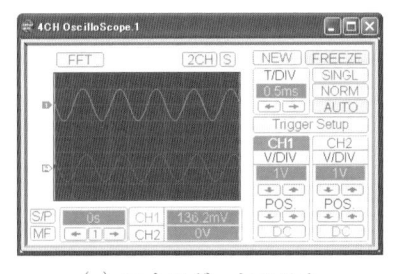

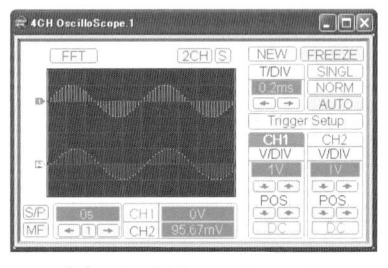

(a) アナログ・システム　　　(b) ディジタル・システム

図7.5　オシロスコープによる入出力波形の表示例

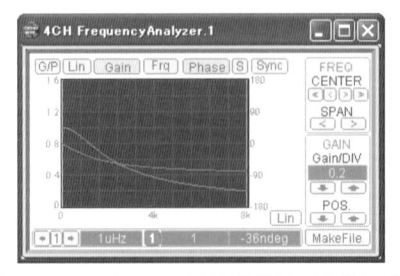

図7.6　周波数アナライザによる周波数特性（利得，位相）の表示例

レータである．
② 回路を作る，編集する，定数を書き換える，その時々の操作にすぐに反応が返ってくるインタラクティブ（対話的）なシミュレータである．
③ シミュレーション結果は，オシロスコープや周波数アナライザ，ディジタル・テスタなどの画面表示された計測器にリアルタイムに表示される．
④ 回路は，アイコン（半田ごて，リード線，ラジオペンチなど）を選択して部品を配置し，部品の端にカーソルを持っていけば，あたかも回路を実際に作っているような感じで，直感的に容易に作成できる．

7-2 アナログ・システム（電気電子回路）の過渡応答と周波数特性

アナログ・システム例として，図7.7に示すRLC回路を取り上げる．スイッチSWをON/OFFしたときの回路電流 $i(t)$ とコンデンサの端子電圧 $y(t)$ の時間的変化（過渡応答特性），入力に対する出力の周波数特性（利得，位相）をシミュレーションする手順を紹介するので，1つずつ順を追って進めていただきたい．

❶ ハイブリッド・シミュレータを立ち上げ，フリースペース（実験室）を開いて，素子や測定プローブを配置するためのブレッド・ボード画面を表示する（図7.4）．

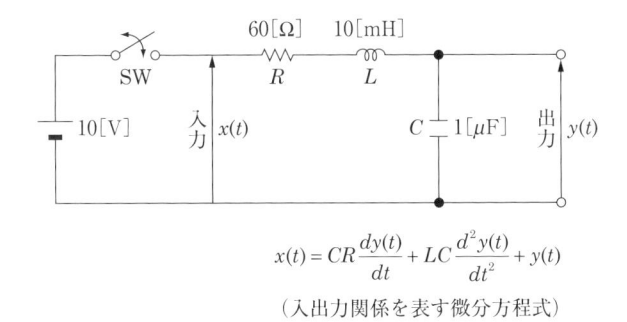

$$x(t) = CR\frac{dy(t)}{dt} + LC\frac{d^2y(t)}{dt^2} + y(t)$$

（入出力関係を表す微分方程式）

図 7.7　RLC 回路

❷ 抵抗（アイコン；🔲）の真上にカーソルを移動し，左クリックする．抵抗表示（⊶⌇⌇⊷）を移動して回路図上に置く．次に，スペース・キーを押してコイル表示（⊶⎝⎠⊷）にし，回路図上に置く．続けて，スペース・キーを押してコンデンサ表示（⊶⊢⊣⊷）にし，キーボードから"R"キーを押して回転し，回路図上に置く．なお，抵抗は 10［kΩ］，コイルは 100［mH］，コンデンサは 0.01［μF］が素子値としてデフォルトで設定されているが，再設定する必要がある（❻で後述）．

❸ 続いて，アイコン（🔲，🔲，🔲）の真上にカーソルを移動し，左クリックして，順に DC 電源（直流電源，⊶Ⓥ⊷）とアース（⏚）とスイッチ（⊶╱⊷）を回路図上に置く．

❹ ❶〜❸の操作によって，図 7.8 に示すように回路素子が配置される．

❺ 配線コード（アイコン；✏）あるいは半田ごて（アイコン；🔧）を移動し，左クリックして，図 7.8 の配置された回路素子をつないでアナログ・システムが動作するように接続する（図 7.9）．

❻ 図 7.7 の各素子値を設定するため，回路素子の真上にカーソル（🖱）あるいは鉛筆（アイコン；✏）を移動して左クリックすると，部品定数の設定ダイアログ画面が現れるので，所定の各素子値を入力する．この例では図 7.7 に基づき，コイル L1 は 10［mH］，コンデンサ C1 は 1［μF］，抵抗 R1 は 60［Ω］に設定する．

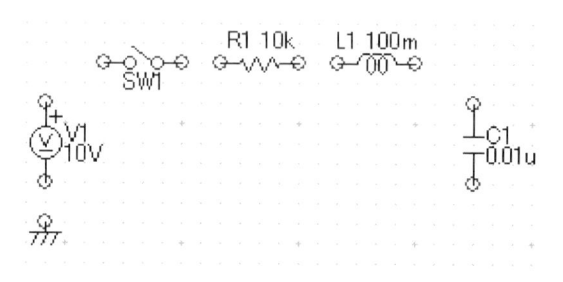

❼ オシロスコープ画面（アイコン；📊）を開き，プローブ（🔌）を接続して入出力波形を表示する．ここでは，2チャネル表示とし，入力は緑色，出力はピンク色のプローブを接続した後，スイッチ SW1

図 7.8 回路素子の配置

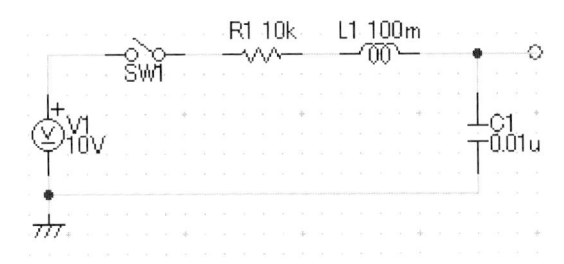

図 7.9　回路素子の接続

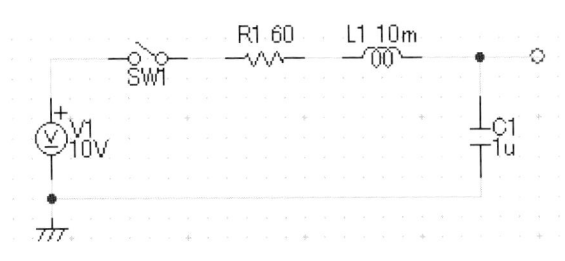

図 7.10　回路素子値の設定

を投入し，アナログ・システムの応答特性を確認する（図 7.11，図 7.12）．その際，オシロスコープの電圧軸，時間軸の変更，NEWおよびFREEZEスイッチを適切に押して波形表示の状態を切り替える必要がある．同時に，スイッチSW1を投入するタイミングもいろいろと変えて，図 7.12 の入出力波形の表示が得られるように楽しみながら試行錯誤していただきたい．なお，新しい設定で再度シミュレーションする場合は，スイッチSW1を切断した後，NEWスイッチを押してコンデンサに蓄積された電荷をゼロ（0）にすることを忘れないようにしていただきたい．

❽　次に，周波数アナライザ画面（アイコン：）を開き，黒く縁取りされた緑色のプローブ（）を入力，中が白抜きの緑色のプローブ（　）を出力に接続して，周波数特性（利得は明るい緑色でデシベル［dB］表示，位相は暗い緑色）を表示する（図 7.13，図 7.14）．その際，周波数アナライザの周波数軸（横軸），利得軸（縦軸）を適切に切り替える必要があり，いろいろと変更していただきたい．

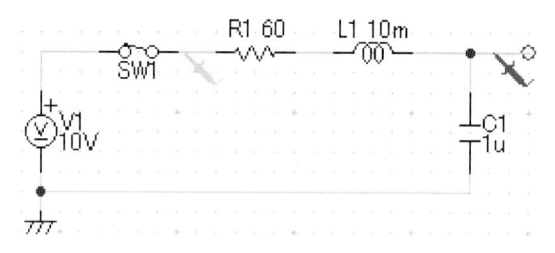

図 7.11　測定プローブ（オシロスコープ）の接続

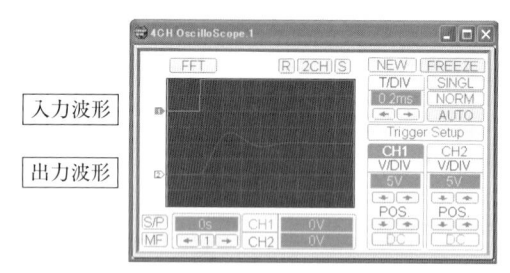

図 7.12　スイッチ投入後の入出力波形

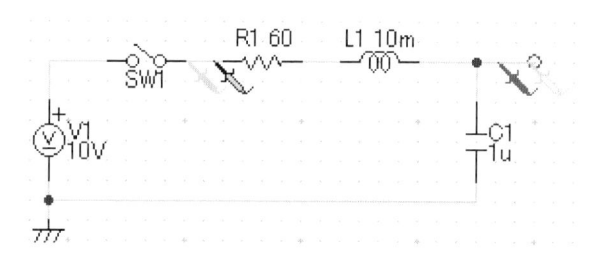

図 7.13　測定プローブ（周波数アナライザ）の接続

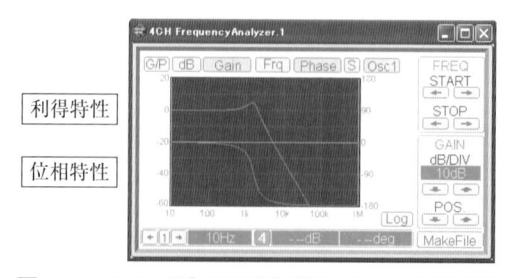

図 7.14　RLC 回路の周波数特性（ローパス特性）

212

7-3 ディジタル・システム（ディジタル・フィルタ）の過渡応答と周波数特性

ディジタル・システム例として，図7.15に示す2次のIIRフィルタを取り上げる．スイッチSWをON，OFFしたときの出力信号 $y(t)$ の時間的変化（過渡応答特性），入力に対する出力の周波数特性（利得，位相）をシミュレーションする手順を紹介するので，1つずつ順を追って進めていただきたい．

❶ ハイブリッド・シミュレータを立ち上げ，フリースペース（実験室）を開いて，図7.4のブレッド・ボード画面を表示する．

❷ A/Dコンバータ（アイコン： ）の真上にカーソルを移動し，左クリックして， を回路図上に置く．続いて，アイコン（ ， ， ）の真上にカーソルを移動し，左クリックして，順にディジタル・システム（ ），DC電源（直流電源， ）とアース（ ）とスイッチ（ ）を回路図上に置く（図7.16）．なお，サンプリング周波数は20［kHz］，DC電源電圧は10［V］，ディジタル・システムは利得が1のオールパス特性としてデフォルトで設定されているが，再設定する必要がある（❹で後述）．

図7.15中：

入力 x_k，出力 y_k，スイッチSW，10[V]

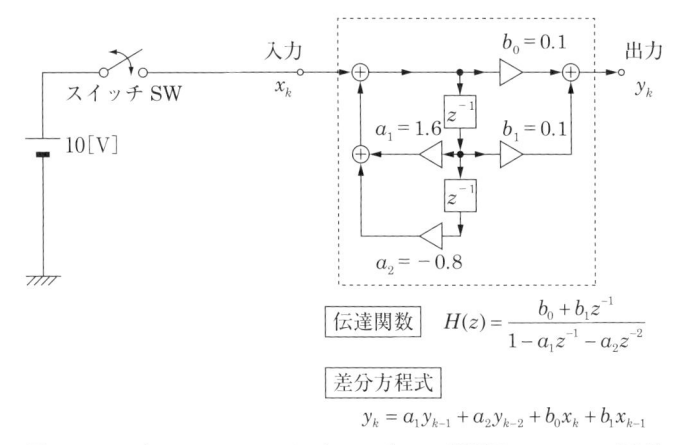

$b_0 = 0.1$，$a_1 = 1.6$，$b_1 = 0.1$，$a_2 = -0.8$，z^{-1}

伝達関数　$H(z) = \dfrac{b_0 + b_1 z^{-1}}{1 - a_1 z^{-1} - a_2 z^{-2}}$

差分方程式　$y_k = a_1 y_{k-1} + a_2 y_{k-2} + b_0 x_k + b_1 x_{k-1}$

図7.15　2次のIIRフィルタ（サンプリング間隔 $T=0.001$［秒］）

❸ 配線コード（アイコン；🔧）あるいは半田ごて（アイコン；🔨）を移動し，左クリックして，**図 7.16** の配置された回路素子をつないでディジタル・システムが動作するように接続する（**図 7.17**）．

❹ **図 7.17** の各素子値を設定するため，回路素子の真上にカーソル（🔖）あるいは鉛筆（アイコン；✏️）を移動して左クリックすると，部品定数の設定ダイアログ画面が現れるので，所定の各素子値を入力する．この例では，DC 電源電圧 V1 は 1 [V]，サンプリング周波数はサンプリング間隔 $T = 0.001$ [秒] の逆数を採って 1 [kHz] に設定する（**図 7.18**）．

また，**図 7.18** の四角いブロック（H(z)）の真上にカーソルをもっていき，左クリックすると，**図 7.19**（a）に示すディジタル・システムの係数設定ダイアログが現れる．この例では**図 7.15** に基づき，2 次の IIR フィルタなので，**図 7.19**（b）のように，

$$\begin{cases} \text{フィルタ係数の数} & \cdots\cdots \quad 3 \\ \text{フィルタ係数の設定} & \cdots\cdots \quad a_1 = 1.6, a_2 = -0.8, b_0 = 0.1, b_1 = 0.1 \end{cases}$$

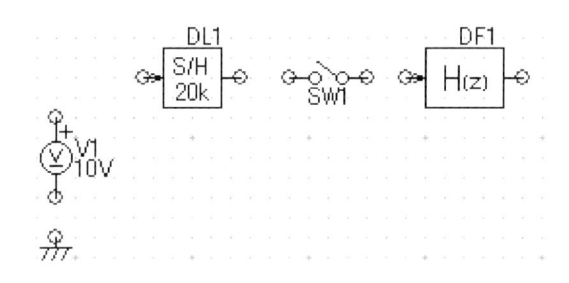

図 7.16　回路素子と処理ブロックの配置

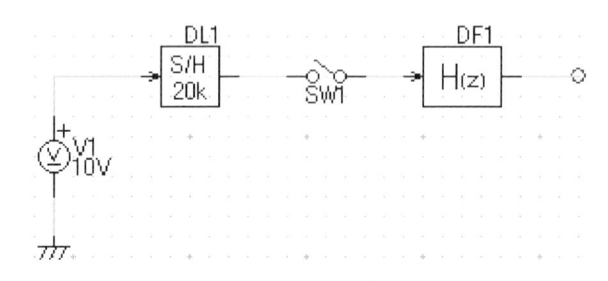

図 7.17　回路素子と処理ブロックの接続

第7章　アナログ&ディジタル信号処理シミュレータを体験してみよう

と設定すればよい．

❺　オシロスコープ画面（アイコン；📺）を開き，プローブ（✎）を接続して入出力波形を表示する．ここでは，2チャネル表示とし，入力は緑色，出力はピンク色のプローブを接続した後，スイッチSW1を投入し，ディジタル・システムの応答特性を確認する（**図 7.20**，**図 7.21**）．その際，オシロスコープの電圧軸，時間軸の変更，[NEW]および[FREEZE]スイッチを適切に押して波形表示の状態を切り替える必要がある．同時に，スイッチSW1を投入するタイミングもいろいろと変えて，**図 7.21** の入出力波形の表示が得られるように楽しみ

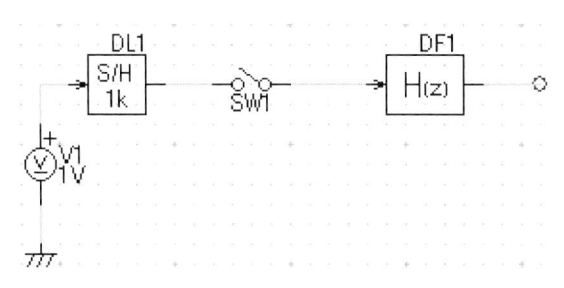

図 7.18　DC電源電圧，サンプリング周波数の設定

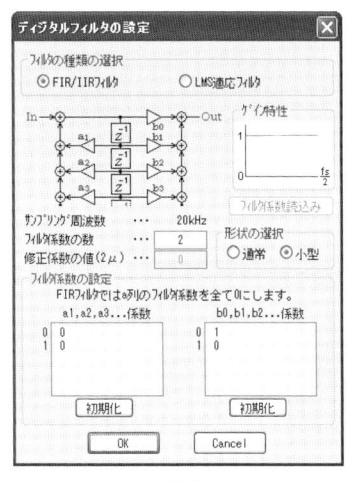

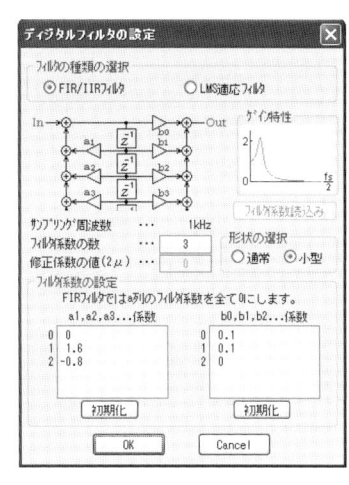

(a) 初期画面　　　　　　　(b) 設定後

図 7.19　ディジタル・フィルタの係数設定

215

ながら試行錯誤していただきたい．なお，新しい設定で再度シミュレーションする場合は，スイッチ SW1 を切断した後，[NEW]スイッチを押すことを忘れないようにしていただきたい．

❻ 次に，周波数アナライザ画面（アイコン；📊）を開き，黒く縁取りされた緑色のプローブ（🔧）を入力，中が白抜きの緑色のプローブ（🔧）を出力に接続して，周波数特性（利得は明るい緑色でデシベル［dB］表示，位相は暗い緑色）を表示する（図 7.22，図 7.23）．その際，周波数アナライザの周波数軸（横軸），利得軸（縦軸）を適切に切り替える必要があり，いろいろと変更していただきたい．

なお，図 7.22 のディジタル・システムを表すブロック（DF1 H(z)）を取り外した後，

$$\begin{cases} 乗算器（アイコン；\text{MLT}，▷）\\ 加算器（アイコン；\text{ADD}，+）\\ 遅延器（アイコン；\text{DLV}，z^{-1}）\end{cases}$$

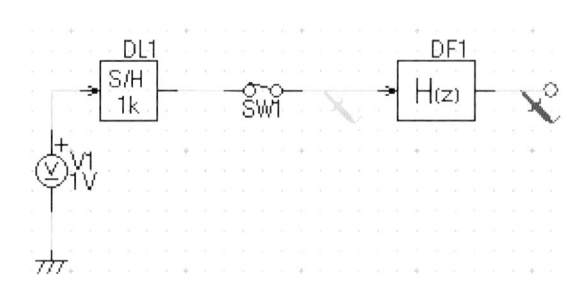

図 7.20　測定プローブ（オシロスコープ）の接続

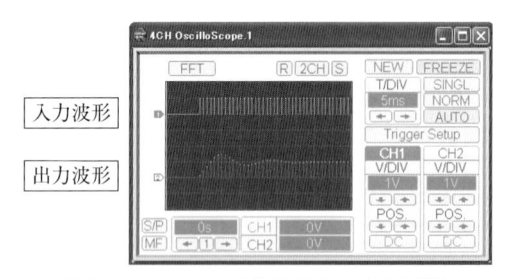

図 7.21　スイッチ投入後の入出力波形

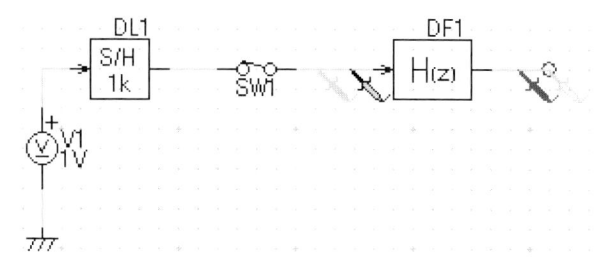

第7章　アナログ&ディジタル信号処理シミュレータを体験してみよう

図7.22　測定プローブ（周波数アナライザ）の接続

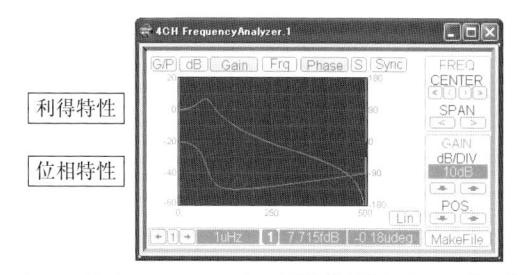

図7.23　2次のIIRフィルタの周波数特性（ローパス特性）

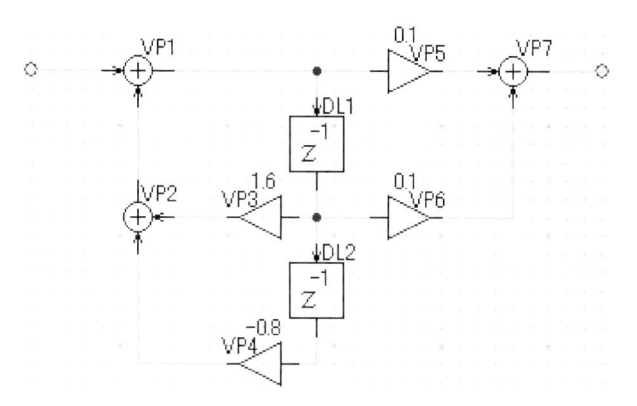

図7.24　2次のIIRフィルタのシステム構成例

を用いて，図7.24のように構成したシステムに入れ替えてもよい．その際，図7.15に基づいて図7.24のシステムを作成するには，いろいろと困難が伴うかもしれないが，是非ともチャレンジされることを期待したい．

217

付　録

付録A　ラプラス変換と z 変換の対応表

アナログ信号 $x(t)$ (t 関数)	ラプラス変換 $X(s)=L[x(t)]$ (s 関数)	ディジタル信号 $\{x_k = x(kT)\}_{k=0}^{k=\infty}$ (k 関数)	z 変換 $X(z)=Z[x_k]$ (z 関数)
$\delta(t)=\begin{cases}1 & ;t=0\\0 & ;t\neq 0\end{cases}$	1	$\delta_k=\begin{cases}1 & ;k=0\\0 & ;k\neq 0\end{cases}$	1
$u(t)=\begin{cases}1 & ;t\geq 0\\0 & ;t<0\end{cases}$	$\dfrac{1}{s}$	$u_k=\begin{cases}1 & ;k\geq 0\\0 & ;k<0\end{cases}$	$\dfrac{1}{1-z^{-1}}$
$tu(t)=\begin{cases}t & ;t\geq 0\\0 & ;t<0\end{cases}$	$\dfrac{1}{s^2}$	$kTu_k=\begin{cases}kT & ;k\geq 0\\0 & ;k<0\end{cases}$	$\dfrac{Tz^{-1}}{(1-z^{-1})^2}$
$e^{\lambda t}u(t)=\begin{cases}e^{\lambda t} & ;t\geq 0\\0 & ;t<0\end{cases}$	$\dfrac{1}{s-\lambda}$	$e^{k\lambda T}u_k=\begin{cases}e^{k\lambda T} & ;k\geq 0\\0 & ;k<0\end{cases}$ $b^k u_k=\begin{cases}b^k & ;k\geq 0\\0 & ;k<0\end{cases}$	$\dfrac{1}{1-e^{\lambda T}z^{-1}}$ $\dfrac{1}{1-bz^{-1}}$
$(\sin\omega t)u(t)=\begin{cases}\sin\omega t & ;t\geq 0\\0 & ;t<0\end{cases}$	$\dfrac{\omega}{s^2+\omega^2}$	$\sin(k\omega T)u_k=\begin{cases}\sin(k\omega T) & ;k\geq 0\\0 & ;k<0\end{cases}$	$\dfrac{z^{-1}\sin\omega T}{1-2z^{-1}\cos\omega T+z^{-2}}$
$(\cos\omega t)u(t)=\begin{cases}\cos\omega t & ;t\geq 0\\0 & ;t<0\end{cases}$	$\dfrac{s}{s^2+\omega^2}$	$\cos(k\omega T)u_k=\begin{cases}\cos(k\omega T) & ;k\geq 0\\0 & ;k<0\end{cases}$	$\dfrac{1-z^{-1}\cos\omega T}{1-2z^{-1}\cos\omega T+z^{-2}}$
$e^{\lambda t}(\sin\omega t)u(t)=\begin{cases}e^{\lambda t}\sin\omega t & ;t\geq 0\\0 & ;t<0\end{cases}$	$\dfrac{\omega}{(s-\lambda)^2+\omega^2}$	$e^{k\lambda T}\sin(k\omega T)u_k=\begin{cases}e^{k\lambda T}\sin(k\omega T) & ;k\geq 0\\0 & ;k<0\end{cases}$ $b^k\sin(k\omega T)u_k=\begin{cases}b^k\sin(k\omega T) & ;k\geq 0\\0 & ;k<0\end{cases}$	$\dfrac{e^{\lambda T}\sin(\omega T)z^{-1}}{1-2e^{\lambda T}\cos(\omega T)z^{-1}+e^{2\lambda T}z^{-2}}$ $\dfrac{b\sin(\omega T)z^{-1}}{1-2b\cos(\omega T)z^{-1}+b^2 z^{-2}}$
$e^{\lambda t}(\cos\omega t)u(t)=\begin{cases}e^{\lambda t}\cos\omega t & ;t\geq 0\\0 & ;t<0\end{cases}$	$\dfrac{s-\lambda}{(s-\lambda)^2+\omega^2}$	$e^{k\lambda T}\cos(k\omega T)u_k=\begin{cases}e^{k\lambda T}\cos(k\omega T) & ;k\geq 0\\0 & ;k<0\end{cases}$ $b^k\cos(k\omega T)u_k=\begin{cases}b^k\cos(k\omega T) & ;k\geq 0\\0 & ;k<0\end{cases}$	$\dfrac{1-e^{\lambda T}\cos(\omega T)z^{-1}}{1-2e^{\lambda T}\cos(\omega T)z^{-1}+e^{2\lambda T}z^{-2}}$ $\dfrac{1-b\cos(\omega T)z^{-1}}{1-2b\cos(\omega T)z^{-1}+b^2 z^{-2}}$

付録B ラプラス変換の性質と主な公式

アナログ信号 $x(t)$ (t 関数, $t<0$ で $x(t)=0$)	ラプラス変換 $X(s) = \mathcal{L}[x(t)]$ (s 関数)	備考
$\sum_{n=1}^{N} a_n x_n(t)$	$\sum_{n=1}^{N} a_n X_n(s)$; $X_n(s) = \mathcal{L}[x_n(t)]$	a_n は任意定数
$\dfrac{dx(t)}{dt}$ [1階微分]	$sX(s) - x(0)$	
$\dfrac{d^2 x(t)}{dt^2}$ [2階微分]	$s^2 X(s) - sx(0) - x^{(1)}(0)$	$x^{(1)}(0)$ は, $t=0$ における 1階微分値 $\left.\dfrac{dx(t)}{dt}\right\|_{t=0}$
$\dfrac{d^m x(t)}{dt^m}$ [m階微分]	$s^m X(s) - s^{m-1} x(0) - s^{m-2} x^{(1)}(0) - \cdots$ $- s^2 x^{(m-3)}(0) - s x^{(m-2)}(0) - x^{(m-1)}(0)$	$x^{(m)}(0)$ は, $t=0$ における m階微分値 $\left.\dfrac{d^m x(t)}{dt^m}\right\|_{t=0}$
$\int_{-\infty}^{t} x(\tau) d\tau$	$\dfrac{1}{s} X(s) + \dfrac{1}{s} \int_{-\infty}^{0} x(\tau) d\tau$	
t^n	$\dfrac{n!}{s^{n+1}}$	$n! = 1 \times 2 \times 3 \times \cdots \times (n-1) \times n$
$x(at)$ $x\left(\dfrac{t}{a}\right)$	$\dfrac{1}{a} X\left(\dfrac{s}{a}\right)$ $X(as)$	a は正の数
$x(t-a)u(t-a) = \begin{cases} x(t-a) & ; t \geq a \\ 0 & ; t < a \end{cases}$	$e^{-as} X(s)$	a は正でも負でもよい. $x(t-a)$ は, $x(t)$ の波形を変えずに, そのまま平行移動したもの
$e^{\lambda t} x(t)$	$X(s - \lambda)$	λ は複素数
$\dfrac{1}{t} x(t)$	$\int_{s}^{\infty} X(u) du$	$X(u)$ は $x(t)$ のラプラス変換値
$\int_{0}^{t} g(\tau) h(t-\tau) d\tau$ $\left(\text{あるいは}, \int_{0}^{t} g(t-\tau) h(\tau) d\tau\right)$	$G(s) H(s)$	$G(s) = \mathcal{L}[g(t)]$, $H(s) = \mathcal{L}[h(t)]$ $t<0$ で $g(t)=0$, $h(t)=0$ の波形
初期値定理	$\lim_{t \to 0} x(t) = \lim_{s \to \infty} sX(s)$	
最終値定理	$\lim_{t \to \infty} x(t) = \lim_{s \to 0} sX(s)$	極限が存在すること

付録 C　ラプラス逆変換表

付録Aおよび**付録B**を使って導き出せるものであるが，ラプラス逆変換の計算に便利な形式で示す．

ラプラス変換 $X(s) = \mathcal{L}[x(t)]$ (s 関数)	アナログ信号 $x(t)$ (t 関数)	備考
A	$A\delta(t) = \begin{cases} A & ; t = 0 \\ 0 & ; t \neq 0 \end{cases}$	A は任意定数
$Ae^{-t_0 s}$	$A\delta(t - t_0) = \begin{cases} A & ; t = t_0 \\ 0 & ; t \neq t_0 \end{cases}$	t_0 は変数 t の移動量
$\dfrac{A}{s}$	$Au(t) = \begin{cases} A & ; t \geq 0 \\ 0 & ; t < 0 \end{cases}$	ステップ関数
$\dfrac{A}{s^2}$	$Atu(t) = \begin{cases} At & ; t \geq 0 \\ 0 & ; t < 0 \end{cases}$	
$\dfrac{A}{s^n}$	$\dfrac{A}{(n-1)!} t^{n-1} u(t) = \begin{cases} \dfrac{A}{(n-1)!} t^{n-1} & ; t \geq 0 \\ 0 & ; t < 0 \end{cases}$	
$\dfrac{A}{s+a}$	$Ae^{-at} u(t) = \begin{cases} Ae^{-at} & ; t \geq 0 \\ 0 & ; t < 0 \end{cases}$	指数関数．a は複素数
$\dfrac{A}{(s+a)^n}$	$\dfrac{A}{(n-1)!} t^{n-1} e^{-at} u(t) = \begin{cases} \dfrac{A}{(n-1)!} t^{n-1} e^{-at} & ; t \geq 0 \\ 0 & ; t < 0 \end{cases}$	a は複素数
$\dfrac{A}{s^2 + \omega^2}$	$\dfrac{A}{\omega}(\sin \omega t) u(t) = \begin{cases} A \sin \omega t & ; t \geq 0 \\ 0 & ; t < 0 \end{cases}$	
$\dfrac{As}{s^2 + \omega^2}$	$A(\cos \omega t) u(t) = \begin{cases} A \cos \omega t & ; t \geq 0 \\ 0 & ; t < 0 \end{cases}$	
$\dfrac{A}{(s+\lambda)^2 + \omega^2}$	$\dfrac{A}{\omega} e^{-\lambda t} (\sin \omega t) u(t) = \begin{cases} \dfrac{A}{\omega} e^{-\lambda t} \sin \omega t & ; t \geq 0 \\ 0 & ; t < 0 \end{cases}$	
$\dfrac{A(s+\lambda)}{(s+\lambda)^2 + \omega^2}$	$Ae^{-\lambda t}(\cos \omega t) u(t) = \begin{cases} Ae^{-\lambda t} \sin \omega t & ; t \geq 0 \\ 0 & ; t < 0 \end{cases}$	
$\dfrac{c + ds}{(s+a)(s+b)}$	$\dfrac{1}{b-a}\left\{(c-ad)e^{-at} - (c-bd)e^{-bt}\right\} u(t)$	この逆変換を式①とする
$\dfrac{A}{(s+a)(s+b)}$	$\dfrac{A}{b-a}(e^{-at} - e^{-bt}) u(t)$	式①で，$c = A$，$d = 0$ に相当
$\dfrac{b + cs}{s(1 + as)}$	$\left\{b + \left(\dfrac{c}{a} - b\right) e^{-\frac{1}{a} t}\right\} u(t)$	
$\dfrac{bs}{(s+a)(s^2 + \omega^2)}$	$\dfrac{b}{a^2 + \omega^2}\left\{(a \cos \omega t + \omega \sin \omega t) - ae^{-at}\right\} u(t)$	
$\dfrac{A}{(s^2 + \omega^2)^2}$	$\dfrac{A}{2\omega^3}(\sin \omega t - \omega t \cos \omega t) u(t) = \begin{cases} \dfrac{A}{2\omega^3}(\sin \omega t - \omega t \cos \omega t) & ; t \geq 0 \\ 0 & ; t < 0 \end{cases}$	
$\dfrac{As}{(s^2 + \omega^2)^2}$	$\dfrac{A}{2\omega} t (\sin \omega t) u(t) = \begin{cases} \dfrac{A}{2\omega} t \sin \omega t & ; t \geq 0 \\ 0 & ; t < 0 \end{cases}$	
$\dfrac{A}{\{(s+\lambda)^2 + \omega^2\}^2}$	$\dfrac{A}{2\omega^3} e^{-\lambda t}(\sin \omega t - \omega t \cos \omega t) u(t) = \begin{cases} \dfrac{A}{2\omega^3} e^{-\lambda t}(\sin \omega t - \omega t \cos \omega t) & ; t \geq 0 \\ 0 & ; t < 0 \end{cases}$	
$\dfrac{A(s+\lambda)}{\{(s+\lambda)^2 + \omega^2\}^2}$	$\dfrac{A}{2\omega} t e^{-\lambda t} (\sin \omega t) u(t) = \begin{cases} \dfrac{A}{2\omega} t e^{-\lambda t} \sin \omega t & ; t \geq 0 \\ 0 & ; t < 0 \end{cases}$	

付録D　z 変換の性質と主な公式

ディジタル信号 $\{x_k = x(kT)\}_{k=0}^{k=\infty}$ (k 関数, $k<0$ で $x_k=0$)	z 変換 $X(z) = \mathcal{Z}[x_k]$ (z 関数)	備考
$\sum_{n=1}^{M} a_n x_n(kT)$	$\sum_{n=1}^{M} a_n X_n(z)\,;\,X_n(z)=\mathcal{Z}[x_n(kT)]$	a_n は任意定数
$x_{kL} = x(kLT)$	$X\left(z^{\frac{1}{L}}\right)$	L は正整数
$x_{k-m} = x(kT - mT)$	$z^{-m}X(z) + x_{-m} + x_{-m+1}z^{-1} + x_{-m+2}z^{-2} + \cdots$ $+ x_{-2}z^{-m+2} + x_{-1}z^{-m+1}$	m は正整数
$x_{k-m} = x(kT - mT)u(kT - mT)$ $= \begin{cases} x_{k-m} & ; k \geq m \\ 0 & ; k < m \end{cases}$	$z^{-m}X(z)$	m は正整数
$e^{\pm k\lambda T} x_k$	$X\left(e^{\mp \lambda T}z\right)$	λ は複素数
$a^{kT} x_k$	$X\left(a^{-T}z\right)$	$a>0$
$(kT)^m x_k$	$(-Tz)^m \dfrac{d^m X(z)}{dz^m}$	m は正整数
$\sum_{n=0}^{k} x_n$	$\dfrac{1}{1-z^{-1}} X(z)$	
$\sum_{n=0}^{k} g_n h_{k-n}$ $\left(あるいは,\sum_{n=0}^{k} g_{k-n} h_n\right)$	$G(z)H(z)$	$G(z)=\mathcal{Z}[g_k],\ H(z)=\mathcal{Z}[h_k]$ $k<0$ で $g_k=0,\ h_k=0$ の波形
初期値定理	$\lim_{k \to 0} x_k = \lim_{z \to \infty} X(z)$	
最終値定理	$\lim_{k \to \infty} x_k = \lim_{z \to 1}(z-1)X(z)$	極限が存在すること

参 考 文 献

(1) 三谷政昭：『今日から使えるフーリエ変換』，講談社，2005 年
(2) 三谷政昭：『ディジタル・フィルタ理論＆設計入門』，CQ 出版，2010 年
(3) 三谷政昭：『やり直しのための工業数学　情報通信編―― Scilab で学ぶ 情報基礎，誤り訂正符号，暗号』，CQ 出版，2011 年
(4) 高井宏幸ほか：『ラプラス変換法入門』，丸善，1964 年
(5) 杉山昌平：『ラプラス変換入門』，実教出版，1977 年
(6) 篠崎寿夫ほか：『ラプラス変換とデルタ関数』，東海大学出版会，1981 年
(7) 原島博ほか：『工学基礎 ラプラス変換と z 変換』，数理工学社，2004 年
(8) 小島紀男ほか：『Z 変換入門』，東海大学出版会，1981 年
(9) 武部幹：『回路の応答』，コロナ社，1981 年
(10) 三谷政昭：『やり直しのための通信数学　フーリエ変換からウェーブレット変換へ』，CQ 出版，2008 年
(11) 杉山久佳（訳）：『最新電気回路システム学（上・下）』，ホルト・サウンダース・ジャパン，1983 年
(12) 古橋武（訳）：『最新電気回路システム学（演習問題集）』，ホルト・サウンダース・ジャパン，1984 年
(13) 辻井重男ほか：『基礎回路解析』，共立出版，1975 年
(14) 見城尚志ほか：『電子回路入門講座』，電波新聞社，2003 年
(15) 貴家仁志：『よくわかるディジタル画像処理』，CQ 出版，1996 年
(16) 三谷政昭：『Scilab で学ぶディジタル信号処理』，CQ 出版，2006 年
(17) 萩原将文：『ディジタル信号処理』，森北出版，2001 年

索引 INDEX

英

FIRシステム　185
IIRシステム　185
InterSim　206
k領域　110
s領域　91
t領域　91
z変換　12, 27
z変換対　40
z変換における微分則　72
z変換表　40
z領域　110

あ

アナログ　11
アナログ信号　17
安定　164
安定性　163, 193
位相遅れ　62
位相進み　62
インパルス応答　156, 185
裏回路　135
裏関数　32, 38
枝　139
オイラーの公式　73
応答関数　92
応答系列　111
表回路　135
表関数　32, 38
オールパス特性　204

か

片側z変換　38
過渡アドミタンス　139
逆z変換　12, 39
狭義安定　164
極　160, 191
キルヒホッフの第1法則　140
キルヒホッフの第2法則　140
駆動系列　111
駆動関数　92
コイルの過渡インピーダンス　137
広義安定　164
合成関数の微分法　118
コンデンサの過渡インピーダンス　138
コンボルーション　122

さ

再帰形　183
時間離散　11
時間連続　11
システム関数　155, 183
周波数特性　163
出力　92, 111
巡回形　183, 184
制御　16
絶対安定　164
漸化式　24
漸近安定　164, 196
線形性　56, 57

た

畳み込み処理　122
単位インパルス関数　47
ディジタル　11

ディジタル・フィルタ　175
ディジタル信号　18
デルタ関数　47
電圧則　140
伝達関数　155, 183
電流則　140
特性方程式　21, 26

な

入力　92, 111

は

非再帰形　183
非巡回形　183, 184
微分方程式　20
不安定　164
フィルタの利得　197
節点　139
部分分数分解　96
閉路　140
ヘヴィサイドの展開定理　87, 96
偏差　16

ら

ラプラス逆変換　12, 32
ラプラス変換　12, 22
ラプラス変換対　34
ラプラス変換における積分則　70
ラプラス変換における微分則　69
ラプラス変換表　34
リーマン和　35
零点　160, 191

著者紹介

三谷 政昭（みたに まさあき）

1951年　広島県豊田郡（現在，尾道市）瀬戸田町に生まれる
1979年　東京工業大学大学院理工学研究科博士課程電気工学専攻修了
　　　　工学博士
現　在　東京電機大学　名誉教授
URL　　http://www.icrus.org/

NDC413　231p　21cm

今日から使えるシリーズ

今日から使えるラプラス変換・z変換

2011年9月30日　第1刷発行
2024年1月17日　第5刷発行

著　者　三谷 政昭（みたに まさあき）
発行者　髙橋明男
発行所　株式会社　講談社
　　　　〒112-8001　東京都文京区音羽2-12-21
　　　　販　売　(03)5395-3622
　　　　業　務　(03)5395-3615

編　集　株式会社　講談社サイエンティフィク
　　　　代表　堀越俊一
　　　　〒162-0825　東京都新宿区神楽坂2-14　ノービィビル
　　　　編　集　(03)3235-3701

印刷所　株式会社双文社印刷
製本所　株式会社国宝社

KODANSHA

落丁本・乱丁本は，購入書店名を明記のうえ，講談社業務宛にお送りください。送料小社負担にてお取り替えします。
なお，この本の内容についてのお問い合わせは講談社サイエンティフィク宛にお願いいたします。
定価はカバーに表示してあります。
©Masaaki Mitani, 2011
本書のコピー，スキャン，デジタル化等の無断複製は著作権法上での例外を除き禁じられています。本書を代行業者等の第三者に依頼してスキャンやデジタル化することはたとえ個人や家庭内の利用でも著作権法違反です。

[JCOPY] <(社)出版者著作権管理機構　委託出版物>
複写される場合は，その都度事前に(社)出版者著作権管理機構（電話 03-5244-5088，FAX 03-5244-5089，e-mail：info@jcopy.or.jp）の許諾を得てください。
Printed in Japan
ISBN978-4-06-155661-4